イルカの認知科学
異種間コミュニケーションへの挑戦

村山 司――［著］

東京大学出版会

Research on Dolphin Cognition :
Approaches to Communication between Man and Dolphin
Tsukasa MURAYAMA
University of Tokyo Press, 2012
ISBN978-4-13-060193-1

はじめに

　1990年代半ば，日本に空前のイルカブームが起こった．もともと，海に「イルカ」という動物がいることはたいていの人は知っていたと思うが，それまで日本ではイルカはあまりメジャーな動物ではなく，「好きな動物は？」と聞くと，まだまだ動物園のライオンやキリン，ゾウが人気者の上位だった．しかし，イルカがブームとなると，書店にはイルカの書籍や図鑑が所狭しと並び，ビデオや写真集が数多く出版されるようになった．テレビやラジオでもさかんに取り上げられ，夏ともなると，あちらこちらの雑誌の記事には「イルカ」の文字が躍っていた．それはかなりの熱狂ぶりではあったが，イルカを研究する者にとっては，そうした華やかなブームに後押しされてイルカが注目されることは決して悪いことではなかった．そのおかげで，イルカの行動や生態に関心を持つ人が格段に増えたからである．こうして，日本人にとってそれまでは格段に身近な存在でもなかった「イルカ」に対して，人々の見方は大きく様変わりしていった（村山，2009）．

　やがてブームが去り，熱狂的なイルカ信者も消えていった．しかし，イルカブームの置きみやげとして，野生のイルカを対象とした研究者やその卵たちがあちこちで見られるようになった．その結果，研究する分野も大きく広がった．イルカブームは「イルカを研究する」という命題に多大な貢献をしてくれたのである．

　しかし……である．認知の分野は少し違った．イルカブームが去ったあと，認知の分野は，唯一，研究者が増えることがなかった．やっぱり海の中にいてこそイルカであって，飼育された水槽で，なにやら識別したり，道具に反応したりといった「地味」な研究など，人々の興味の対象として残らなかったらしい．

　動物の認知研究の世界でよく登場する動物は霊長類と鳥類である．霊長類の分野は研究の歴史も長く，膨大な知見がある．そもそも私たち自身が霊長類なのだから，ヒト以外の霊長類を知ることからヒトの本質を理解したいと

いう霊長類研究の目指す大命題もわかりやすい．研究者の数も圧倒的に多い．また，鳥類も同様である．野で，山で，公園で……トリはふだんの生活でお目にかかることができる身近な動物であるから，その行動にも興味がわきやすいのもうなずける．

さて，こういったことがこれまでの霊長類や鳥類の研究の「繁栄」を支えてきた気がするが，それに対してイルカはどうだろう．残念ながら，イルカの認知研究の分野は世界的にも衰退の一途である．研究者もきわめて少ない．そんな中にあって，では，なぜイルカの認知を研究するのか，その意義はなにか．

近年，鯨類は偶蹄類のカバと共通な祖先を持つことが示され（図i），これまで考えられてきた系統発生とは異なる説が台頭してきた．しかし，それでもイルカがヒトや霊長類とはかけ離れた系統発生の過程をたどってきたことに変わりはない．また，そもそもイルカとヒトはすんでいる環境もまったく違う．しかしながら，そこに秘められた彼らの知的特性は霊長類やヒトにも大いに匹敵・共通するものがある．それはなぜなのだろうか．

類縁関係の遠い生物どうしが類似した器官を持つ場合がある．たとえば，昆虫の翅とトリの翼などがそれである．このように，起源や種は異なっても，必要な機能が同じであれば，その形も似てくるもので，これを収斂進化とい

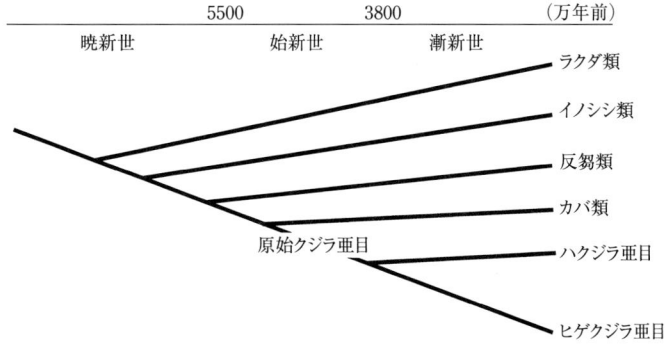

図i SINE法によって求められた鯨類の系統発生．鯨類に最も近い祖先はカバとなっている．（岡田，2008より改変）

う．では，そのような収斂進化は体の形に限ったことなのだろうか．「知的特性」にはそのような収斂は起こらないのだろうか．生物の暮らす自然環境や物理的状況に適応する必然性が形態の収斂進化を引き起こすならば，たとえば，社会的環境に対する必然性がもたらすものはなんだろう．ヒトとイルカ，なにもかもが大きくかけ離れたこれら2つの動物種が共通の知的特性を持つ所以はなにか……イルカ類の知能を調べる意義がそこにある．

　日本は世界有数の水族館国である．飼育されているイルカも多い．研究をしないのはもったいない．私はイルカの研究を続けてきて，彼らの知的特性に目を見張ることがしばしばある．しかし，彼らのそのような能力を紹介した書籍や知見はほとんど見かけない．残念である．

　いつのころからか，イルカは「賢い」といわれるようになった．しかし，それは一般にはまだ漠然としたイメージだろう．いったいイルカのどこが賢いのか，それをみなさんにぜひ紹介したい．そしてまた，その能力に魅せられた私が夢見る"構想"についても少しだけご披露してみたい．

目　　次

はじめに……………………………………………………………… i

第 1 章　認知研究の系譜──イルカは本当に「賢い」か……………… 1
　1.1　イルカ知能研究の先駆者……………………………………… 1
　　　（1）動物の心を知る歴史　*1*　　（2）イルカの研究　*3*
　1.2　イルカはいつから水族館にきたか…………………………… 6
　1.3　イルカ認知研究の方向………………………………………… 8
　1.4　本書の本当の目的──「イルカと話したい」……………… 9

第 2 章　イルカの生態──複雑な社会…………………………… 12
　2.1　群れ……………………………………………………………… 12
　2.2　社会行動………………………………………………………… 14
　　　（1）親和的行動　*15*　　（2）攻撃，威嚇　*17*
　　　（3）遊び　*17*　　（4）親子の行動　*19*
　　　（5）狩りと共同行動　*21*
　2.3　コミュニケーション…………………………………………… 22
　　　（1）聴覚によるコミュニケーション　*22*
　　　（2）視覚によるコミュニケーション　*25*

第 3 章　飼育と研究──水族館のイルカたち…………………… 26
　3.1　観察と実験……………………………………………………… 26
　　　（1）飼育動物の研究　*26*　　（2）研究・実験場所　*28*
　　　（3）実験に適した種と個体の選び方　*30*
　　　（4）研究方法　*36*　　（5）客観的な実験を行うために　*42*
　　　（6）実験装置の使用　*43*　　（7）適正な実験装置　*45*
　　　（8）実験者自身による誘導　*45*
　　　（9）研究をするのは誰か　*47*

3.2　学習と訓練……………………………………………………………48
　　　（1）オペラント条件付け　48
　　　（2）褒めて伸ばす──「賞」による強化　50
　　　（3）見本合わせ　51
　　　（4）はたして間違いか──イルカなりの解決法　53
　　　（5）条件付けの評価　55

第4章　環境エンリッチメント──よりよく実験をするために………57
　4.1　環境エンリッチメントとは……………………………………………57
　4.2　水族館における環境エンリッチメントの試み………………………59
　4.3　環境エンリッチメントの実験的試み──遊び………………………60
　4.4　環境エンリッチメントの実験的試み──摂餌に対する負荷………65
　　　（1）氷の餌　66　（2）給餌装置を使って　69
　4.5　効果的な環境エンリッチメントとは…………………………………71

第5章　視覚──イルカから見える世界……………………………………75
　5.1　視覚の意義………………………………………………………………75
　5.2　まずは「眼」から………………………………………………………78
　5.3　「見える」ための4つの要素…………………………………………79
　5.4　視力検査…………………………………………………………………81
　5.5　眼で調べる──生理学的な手法………………………………………83
　5.6　「大きさ」の認識と認知実験…………………………………………88
　5.7　脳波と光感知……………………………………………………………89
　5.8　コントラストの認識……………………………………………………92
　5.9　形態の認識………………………………………………………………98
　5.10　ないものが見える？…………………………………………………100
　　　（1）補間　100　（2）錯視　102
　5.11　色の感覚………………………………………………………………105
　　　（1）視細胞と吸収スペクトル　105　（2）無彩色の弁別　106

第6章　記憶と概念──どのように認識しているのか……………………108
　6.1　記憶……………………………………………………………………108

6.2　イメージの編集——心的回転 ··· 111
　6.3　数の認識 ·· 117
　　　（1）ものによる1つと2つの弁別　118
　　　（2）幾何学模様による弁別　121
　6.4　模倣 ··· 124
　6.5　推移的推論 ·· 126

第7章　知性——イルカは「海の隣人」か ··· 130
　7.1　社会的知性とは ·· 130
　　　（1）社会的認知と社会的知性　130
　　　（2）イルカにおける社会的知性　133
　7.2　種や個体の認知 ·· 134
　7.3　ヒトの認知 ·· 134
　7.4　自己認知 ··· 139
　　　（1）鏡映像認識　139
　　　（2）その他の方法による自己認知の分析　145
　7.5　協力行動 ··· 146
　　　（1）おとりと待ち伏せ　146　　（2）協力行動　147
　7.6　一緒に行動する ·· 148
　7.7　他者の心を理解する ··· 150

第8章　言語——イルカに「ことば」を教える ··· 153
　8.1　動物における言語研究 ··· 153
　8.2　海獣類における言語研究 ··· 155
　8.3　シロイルカにおける言語研究 ·· 157
　8.4　聴覚性人工言語による命名 ··· 161
　　　（1）ものの名前を"呼ばせる"　162
　　　（2）呼ばれたものを"選ぶ"——対称性の理解　164
　　　（3）模倣　166　　（4）音による命名は完成したか　167
　8.5　視覚性人工言語による命名 ··· 169
　　　（1）記号の表出　169　　（2）対称性の検証　170

（3）「勉強すれば賢くなる」 *172*　（4）推移性の成立 *174*
（5）「読める」イルカ *178*

8.6　人工言語によるものへの命名とその後……………………*178*

第9章　これからの認知研究——共同研究へ向けて …………*180*

9.1　人気のないイルカ認知研究…………………………………*180*
9.2　「水との戦い」………………………………………………*181*
9.3　イルカ認知研究の今後………………………………………*183*

引用文献……………………………………………………………*185*
おわりに……………………………………………………………*195*
索引…………………………………………………………………*199*

第1章　認知研究の系譜
——イルカは本当に「賢い」か

　飼いイヌが新聞をくわえて持ってくる，ネコが自分で扉を開けて外へ出ていく……こんな光景を見かけたことはあるだろうか．むろん，こういう行動は飼い主にしつけられたり，そのしぐさをまねしたものであろう．しかし，野生の動物の中には誰に教わったわけでもないのに，つまり自発的に，いわゆる「賢い」行動をするものが少なくない．

1.1　イルカ知能研究の先駆者

（1）動物の心を知る歴史

　ミツバチは複雑なダンスをして蜜のありかを仲間に伝える．また，アリは一度訪れた場所を再訪するのに，記憶と網膜像とを重ね合わせながらたどりつくという．カラスの中には空から木の実を地面に落として，殻を割って食べる行動をするものがいるが，最近，水底の岩を使って貝を割るサカナが話題となった．ほかにもサカナではなわばり行動なども面白い．ササゴイというトリはルアーフィッシングさながらの行為でサカナを「釣る」し，また，チンパンジーが石を道具として木の実を割ったり，イルカが自分で遊び道具をつくりだして遊んだりしている光景は高度な知能を想像させる．このほかにもわれわれの知らないジャングルの奥地や深い海の底といった場所で，さまざまな動物が生き抜くための術として，あっと驚くような「知的な」行動をしているかもしれない．そういった行動は，単に本能的に行われるものから，結果を予測して主体的に行っている行為まで，さまざまである．

　さて，動物が見せるそのような行動は，その動物が今のような姿・形で出

現した，はるか昔からずっと変わることなく行われてきたことである．そして，そのような行動を人間が不思議に思い，あるいは興味深く感じるのは，今も昔も変わらなかったはずである．したがって，昔からそういう現象に興味をいだいた先人はいたわけで，動物の示すそのような行動についてもっと知りたいという知的興味から，動物の知能や知的な行動のメカニズムについて多くの人々によって研究が行われてきた．イルカの知能の研究についてお話しするにあたり，まずは動物の心の研究史を紐解きたいところであるが，しかし，そういった動物の知能の研究の歴史については動物心理学や動物行動学に関する本にはたいてい冒頭の章あたりに記述されている．よって詳細はそういう本を参照いただいたほうがよいだろう．ここでは，その歴史を詳しく解説することはやめて，ざっと振り返るにとどめたい．

「動物の心理」が研究の対象となった歴史は浅い．動物の心を探ることはずっと敬遠されていたかららしい．その前に，そもそもヒトの心に関心が持たれたのはいつなのかというと，遠く太古のアリストテレスの時代にまで遡る．ただし，それは哲学の領域であった．ヒトの心を知る学問を心の科学として「心理学」を提唱したのは19世紀後半のヴントである．しかし，彼は被験者が言語的に記述・報告した内容をもとにして心理事象の理論を構成しようとした．ところがそういった「内観法」や「構成主義」もやがて衰退していく．一方，ダーウィンの『種の起源』(1859) 以来，動物と人間の連続性が広く認識されるようになると，ヒトの認知の仕組みについて知るため，動物の心の研究に目が向くようになっていった．そうして，20世紀前半には，メトロノームの音とイヌのよだれの実験という，条件反射を応用した古典的条件付けで知られるパヴロフや，チンパンジーが箱を積み重ねて天井のバナナをとる光景から，彼らが「洞察」できることを唱えたケーラーなどが現れた．さらに，ソーンダイクは「問題箱」と呼ばれる檻に閉じ込めたネコがそこから脱出する過程を追跡し，「学習」は洞察や推理ではなく，試行錯誤をする過程で獲得するものと考えた．やがてスキナーはこれを一般化し，スキナーボックスを考案したが，以後，オペラント条件付けを応用して数多くの動物の認知実験が行われるようになった．オペラント条件付けやスキナーボックスを原理とする実験は，動物の認知を探る研究では基本的な手法である．こうして動物の認知・認識を探る研究が花開いていく．

また，これまでのいくつかの動物の心理を説く領域を統合した「比較認知科学」という分野も生まれた．認知科学では記憶，概念，言語，洞察……など，ヒトの個々の認知機能が分析されるが，動物もその対象外ではなかった．同じ手続き，同じ状況で得られた結果を種間で「比較する」ことで，認知全体の枠組みを理解しようとする流れができた．

　この領域の対象となったのは，そのほとんどが陸生動物であり，特に霊長類，鳥類がその主役である．具体的には，霊長類ではチンパンジーやボノボをはじめとする大型類人猿，トリの仲間ではハト，オウム，カラス，鳴禽類などであろうか．また，動物行動学も含めた動物心理まで視野に入れると対象はもっと広がり，昆虫のような無脊椎動物も研究の的とされる．しかし，では水の中の動物たちではどうかとなると，状況は一変する．かろうじてサカナにおいて，漁具に対する行動といった観点からの検証が散見されるものの，上述した陸生の動物に比べて天と地の差，水生動物の認知・学習の知見などほとんど見られない．さらに「イルカ」となると，これは皆無に等しい．

　さて，本書で注目するのは，その「イルカ」である．イルカは動物の中でも「賢い」と位置づけられることが多い．そこで，上述のように動物心理の研究対象としてはいささか劣勢ではあるが，ぜひ彼らの"知的さ"に焦点を当ててみたいと思う．イルカはなぜ「賢い」といわれるのか，そして本当に「賢い」のか．

　かつて，大地を駆け，森に暮らすけものたちや空を飛びまわるトリを見て，その行動や知性に思いをはせた人々がいたように，そんな陸生動物に少し遅れはするものの，ようやくイルカでもそういうことに関心を持った先人が現れた．イルカの知性に魅せられたそういった先人は，なにを考えたのか．そこで次にイルカの知能研究の歴史について概観してみよう．

（２）イルカの研究

　産業と結びついた領域や人類の健康や福祉につながる分野は，一般にその研究の発展が著しい．しかし，動物の認知に関する研究というものは，そういうことには直接関連しないことが多い．すでに述べたように，動物の認知研究というと霊長類や鳥類に関した知見が多いが，実は海外ではこのほかにイルカを対象とした研究も少なくない．しかし，残念ながらそんなイルカの

「認知」については，決して隆盛をきわめている分野とまではいいがたい．それは，イルカの知能を調べても，すぐにわれわれの生活に直結するものでも，あるいは人間の福祉に貢献するものでもないので，なかなか研究が注目されないからだろう．特にわが国では海獣類の知能を調べた研究はほとんど見受けられず，（たぶん私がいいださない限り）話題になることはない．まだまだこの分野の研究は出芽前の状況である．では，そのような「宿命」を持ったイルカの認知研究は，世界的にはこれまでどう進められてきたのだろう．

そもそもイルカの知的な行動が最初に見出された話は，紀元前まで遡る．ギリシャのかの哲学者アリストテレスは，その著書『動物誌』（アリストテレース，1998）の中のいくつかの章でイルカを取り上げている．中でも第48章では，漁師に捕まえられたイルカが逃がされたとき，あるいは負傷したイルカや子どもイルカがいたときなどには，仲間のイルカがそういうイルカに寄り添って泳ぐこと，また，死んで浮いているイルカが他の肉食獣の餌食にならないよう，イルカが自分の背中に乗せて守ってやる話といったことなどが紹介されており，アリストテレスはそれらを「イルカの愛情深い性質」としている．

しかし，その後，中世から近代まではイルカやクジラなどの鯨類はサカナ扱いされる時代が長く続いた．その間，せっかくアリストテレスが発見したイルカの知的な性質や行動は，すっかりかすんでしまっている．そんなイルカたちも18世紀のリンネ『自然の体系』でようやく哺乳類として分類されることになったが，それにしてもイルカの知能についての記述や研究成果に関する顕著な報告は見当たらない．

1960年代になり，「イルカの知能」をテーマにした研究を始める研究者が忽然と現れた．リリィである．「イルカと人間のコミュニケーション」の創始者ともいわれるリリィは，カリフォルニア工科大学で脊椎動物学や物理学などを学び，ペンシルベニア大学で医学博士号をとった．そうして彼は脳や意識の問題に関心を持ち，やがて，水の中に浮かぶ哺乳類の中で最も巨大な脳を持つ動物であるイルカへの研究を思い立つ（Lilly, 1961）．そうして大脳生理学者であったリリィは，イルカの脳の生理についての研究を始め，「コミュニケーション調査研究所」を設立し，人類学者や脳科学者とともに精力

的に研究を進めていった．実はイルカが半球睡眠することを最初に唱えたのは彼だし，また，イルカが「クリックス」と「ホイッスル」という2種類の鳴音を発することも彼はすでに知っていた．そして，その鳴音でなにか鳴き交わしていることや (Lilly, 1961)，鳴音を模倣することに長けていたことも明らかにしている (Lilly, 1962)．イルカの知能を信じたリリィは，やがてコンピューターを駆使し，イルカに人間語を教える研究に着手する (Lilly, 1978)．イルカの鳴音を分析し，また，直接イルカにヒトの発音を訓練して「ことば」を発せさせようとする試みをし，その結果，被験体となったイルカは約50のことばを覚えたとされている．「まもなくイルカ語辞典が完成し，10年後にはイルカと人間が会話できるようになる」といったリリィであったが，結局，それは頓挫した．こうして数々の功績を挙げたリリィであったが，彼の出したイルカとのコミュニケーションに関する知見の一部については，現在でもまだ否定的な意見が多い．

1960年代当時，イルカを対象とした研究にはもう1つの流れがあった．それはイルカの「音感能力」である．聴覚能力，エコーロケーション能力などについて多くの研究がなされ，イルカの音感に関する驚異的な性能が次々と明らかにされていった．それは産業にも大きく貢献できる分野であったため，この分野の研究のほうはさらに飛躍的に発展していった．

さて認知の分野に話を戻すと，1970年代になるとハワイ大学のハーマンが論理的な観点から研究に着手する．リリィ以来，すでにイルカやクジラの脳の大きさや複雑さに目を向けた研究者は多かったが (たとえば，Jansen and Jansen, 1969; Pilleri and Gihr, 1970; Flanigan, 1972; Morgane and Jacobs, 1972 など)，ハーマンは知的特性を表すものは脳の構造ではなく行動であると考え，行動実験により種々の認知機能について実験的検証を行った．彼はハワイ・オアフ島の風光明媚な地に設けられたハワイ大学の施設でイルカを実際に飼育し，まず，視覚刺激や聴覚刺激を用いて記憶，干渉，系列位置効果といったイルカの基礎認知に関する検証をし，イルカの基本的な情報処理メカニズムについて明らかにした．その後，人工音やハンドサインなどの人工的な言語を使ってのものや事象に命名することをイルカに訓練し，さまざまな言語研究を行った．こうしてハーマンはイルカの言語能力について数々の成果を挙げていく．なお，ハーマンのそれらの成果については本書

の各章において，おいおい紹介していくことにする．

むろん，ここに紹介した以外にも，昔からイルカの認知や知能に関した研究は行われていたが，いずれも断片的なものが多い．したがって，その中でリリィはイルカの知的さや言語能力の可能性について最初に注目した先駆者として，またハーマンは認知に関した系統的な研究により，特に言語研究を中心とした分野を発展させた功労者として注目すべき研究者といえよう．

1.2 イルカはいつから水族館にきたか

イルカの認知を実験的に調べるためには多くの訓練（条件付け）を必要とする．したがって，イルカを飼えなければ始まらない．イルカの飼育はいつごろから始まったのだろうか．

時代ははるかに遡るが，紀元前1世紀にローマ帝国で海を仕切ってシャチを飼育し，兵士と闘わせたという記録が残っている．それから時をおいて，15世紀，17世紀にも短期間のイルカ飼育例が報告されている（内田，2010）．近代になると，1860年代から1870年代にかけて飼育例が各地で見られ始めるが，ただ，いずれも短期間で，1個体だけの飼育の例ばかりであった．その後，1914年にアメリカのニューヨーク水族館で初めてバンドウイルカの複数個体での飼育がなされ，1938年にフロリダで大型水槽による飼育が行われた．そして，1960年代以降，さまざまな種で続々と展示目的の本格的な飼育が始まり，さらに長期間の飼育も可能になっていった（内田，2010）．

このようにイルカの飼育が世界各地で本格化されるようになったが，それはあくまでも「飼育ができる」ようになったということだった．したがって，はじめは安定した飼育，すなわちイルカの健康を維持・管理する方策やそのための研究が中心であったので，おそらく，イルカの能力を調べるとか，その知能を研究するなどという考えは想像すらされていなかっただろう．動物を飼育することはできても，その行動をコントロールする，すなわち"調教する"ことはまだ難しい問題であったはずだからである．

そのような状況で登場したのがプライヤーである．1960年代，ハワイのシーライフパーク（Sea Life Park）のヘッドトレーナーだった彼女は，マリアという名前のイルカにオペラント条件付けを用いて訓練をし，巧みな行動

 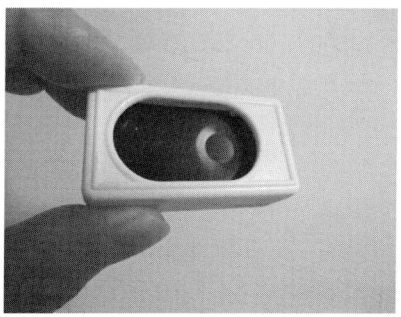

図 1.1 クリッカー．写真右の中央のへこんだ部分を押すと，パキパキという音がする．この音が 2 次強化子になっている．

を引き出すことに成功した．こうして彼女はイルカにおける訓練方法や技術の確立のパイオニアとなった．彼女の用いたクリッカーという音を出す器具（図 1.1）は，今でも 2 次強化子としてイルカやアシカの訓練で用いられている．イルカやアシカで行われている訓練も，また，認知研究の条件付け等の実験方法も基本的には原理は共通であるので，水族館における動物の訓練方法は認知実験には欠かせない技術である．こうして飼育イルカを使った認知研究の素地の 1 つができあがっていった．

一方，日本でのイルカ飼育はどうかというと，わが国で初めてイルカが飼育されたのは 1930 年に中之島水族館（現，伊豆・三津シーパラダイス．静岡県沼津市）が海を仕切った水槽で飼育したのが始まりである．その後，1957 年には江ノ島マリンランド（現，新江ノ島水族館．神奈川県藤沢市）で巨大水槽によるイルカ飼育が行われるようになり，そこで初めてイルカを使ったショーが行われている．さらに，1970 年には鴨川シーワールド（千葉県鴨川市）で初のシャチの飼育が始まるなど，わが国でもイルカ類の飼育が本格化した（内田，2010）．

しかし，そんなイルカたちの知能を解明しようという気概までは，なかなか育まれることはなかった．

1.3 イルカ認知研究の方向

　他の動物の場合と同様に，イルカの認知研究の方法は「野生下の行動観察」と「人為的環境下における（すなわち飼育下の個体を用いた）実験的検証」に大別することができる．前者については，イルカの生態や行動を探査することを目的としてこれまで世界随所で野外調査が行われている．イルカのよくきそうな海域，あるいは島の周辺や陸に近い海域で常時イルカがすみついている（いわゆる，地付き）ようなところに出かけていっては，船上から，あるいは水中に潜りながら観察をし，その行動を調べるのである．そうした調査の結果，野生のイルカが繰り広げるさまざまな知的と思われる行動が数多く観察され，報告されている．こういった調査は海外では以前から行われていたが，近年になり，日本でもイルカを見にいくツアーなどがさかんになるにつれて，そういう海域での調査・観察に関心が寄せられるようになり，ようやくその萌芽的な研究が行われつつある．

　さて，そこで本書はなにについて述べるのかというと，そういった野外の観察によるイルカの知的さもさることながら，もっと積極的にイルカの知能を検証する試み，すなわち，飼育下の個体を使った実験的検証による成果を取り上げていきたい．1970年代にようやく花開いたイルカの認知研究は，それ以降，さまざまなテーマに関して成果が積み上げられるようになった．主なテーマを挙げてみるならば，「記憶」「問題解決」「推論」「概念形成」「言語」「コミュニケーション」……と，霊長類で行われている研究と同様，多岐にわたっている．そして，これらの研究によってイルカの持つ驚くべき知的特性が少しずつ明らかになりつつある．本書はそういった，はたで見ていたのではわからない潜在的な知的さを披露していきたい．

　さらに，近年はこれらの基礎認知に加えて，社会的知性についても注目されるようになった．イルカは一般に，群れで生活をし，ときには何千個体という大集団をつくる．そのような群れの中ではさまざまな社会行動が行われているが（たとえば，Connor and Mann, 2006；Herzing, 2006），そういった社会行動の前提となるのが社会的知性である．集団の中では自己の認知や他者の認識，他者との共同など，自分を認識し，他人を知ることで群れ社会が維持されているのである．そこでそのようなイルカの社会的知性についても

実験的な検証が行われている．だがこれらの研究も，主役はやはり海外の研究者たちである．日本では，基礎認知も含めて，これまでまったくこの分野の研究は行われていない．

このように，イルカの認知についてはその基礎となる仕組みから，それを応用する形の認知の働きについてまでも研究の対象とされるようになった．霊長類の研究に比べればまだまだ歴史も知見も浅いが，反面，今後に期待の持てる分野ともいえる．そこで本書では，これまでに得られている「イルカの認知」に関する研究成果について垣間見ていくこととしたい．

はたして，イルカは本当に「賢い」のだろうか．

1.4 本書の本当の目的――「イルカと話したい」

さて，本書にはもう1つの背景がある．

いうまでもなく，私はイルカの認知について研究している．もちろん，認知研究後進国の日本ではきわめて稀な（もしかしたら，現時点ではたった一人の）存在かもしれない．そんな中で私はいったいなにをしたいのかといえば，イルカの言語能力の解明とその応用である．平たくいうなら「イルカと話したい」ということに挑んでいる．高校時代に見た，とある映画がきっかけだが，むろん，不条理な目標であることはいうまでもない．ところがこの研究，成果が少しずつ挙がってきた．不条理といいきってきた目標に少しずつ近づいている．そこで，その足跡を紹介してみたいというのが，実は本書の最大の目的である．要するに，私のイルカ言語研究の歴史ということにもなる．

さて，「イルカと話したい」といっても，ある日突然，海で，あるいは水族館でイルカに向かってなにか話しかけても，イルカはなにもしない．たぶん寄ってもこないはずだ．

ではどうすればよいか．

もちろんこれは科学であるから，たとえそれが不条理なことといえども，本気でやるのであれば，それを達成するための一定の論理的かつ科学的な過程とストーリーを構築する必要がある．また，結果に対する厳密な精度と客観性も要求される．結果を楽観的あるいは拡大的に解釈して，自分だけがそ

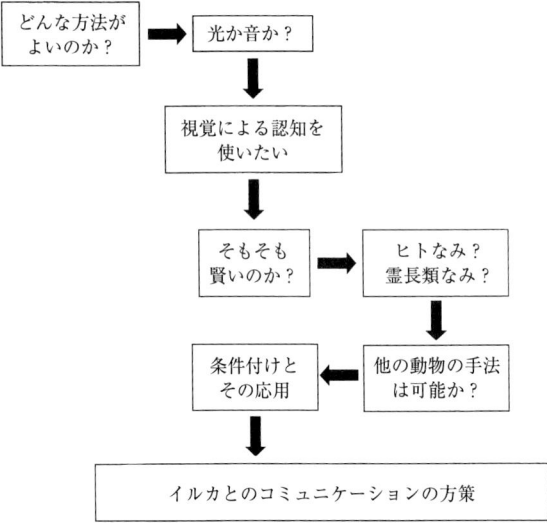

図 1.2 イルカとのコミュニケーション研究にたどりつくまで（研究のデザイン）.

の気になってはいけないということである．したがって，その過程の段階を追って1つずつクリアしていくことで，少しずつ目標に近づいていくことができるのである．そういう点では，癌の研究も，宇宙にロケットを飛ばす研究も，そして「イルカと話す」研究も，みな同じであるはずだ．

　私は，図1.2のような研究デザインを考えた．「どうすれば話せるか」つまり「どんな方法がよいのか」という命題を出発点とし，目的地は「ヒトとイルカのコミュニケーション」すなわち「イルカと話す」である．そしてその間にいくつかの要因となる段階を考え，一連のストーリーとした．1つ1つの詳細な説明は省略するが，これらの過程は「適切な"会話"方法の模索と策定」と，それを用いた「"会話"に向けた実践」の2つの内容に大別される．

　私はこうしたデザインに従って研究を進めてきたが，その過程の途中途中においてイルカの感覚，行動，情報処理過程（本来はこれを"知能"と呼ぶべきかもしれない）についてさまざまなことが明らかになった．そうして，そういった成果に既往の知見による情報を加味して，そのデザインの次のス

1.4 本書の本当の目的――「イルカと話したい」

テップへと進んでいった．

むろん，私の研究以外でもイルカの認知特性についてはさまざまな知見が挙げられている．ただし，本書は認知の教科書ではないので，そのような知見の1つ1つを紹介していくことはしない．上記の私の研究デザインに沿って明らかとなった成果をたどりながら，そういったこれまで多くの研究（者）によって得られた知見を加味することとし，イルカの感覚や行動，認知過程について概観したい．そして第8章では，現在すでに最終段階の入口にたどりついているイルカの言語研究の可能性について紹介してみたい．

はたして本当にイルカと話せるようになるのか．

第 2 章　イルカの生態
──複雑な社会

　これからイルカの持つ知的特性に関して私が実験的に検証した成果について紹介していきたいのだが，しかしその前に，そもそもなぜ「イルカは賢い」といわれるのだろうか．イルカは野生動物の 1 つにすぎないのに，リリィは「知的」だと唱えた．そのことを裏付けるような証拠はあるのだろうか．その問いに対しては，実は彼らの暮らしぶり，すなわち「社会」にヒントがある．そもそも海の中で彼らはどのような暮らしをしているのか，そこを少し知っておいたほうが本書を読み進むうえで話がわかりやすいし，問いの答えに近づくかもしれない．

2.1　群れ

　これまでイルカの暮らしぶり，すなわち「生態」については非常に多くの研究がなされてきた．そして，彼らの構築する複雑で多彩な「社会」がずいぶん明らかになっている．書かれた論文や書籍は山ほどある．そのすべてを紐解くことはたいへんなので，ここではそのような知見をもとにしながら，「賢い」といわしめる根拠となるイルカの社会について，ざっとおさらいしてみることにしたい．まずは「群れ」について見てみよう．

　船で外洋に出た経験がある人なら，一度くらい，大海原をイルカが大群をなして泳いでいる光景に出会ったことがあるだろう．何十頭，何百頭というイルカの群れを目のあたりにして，船上は歓喜の嵐となったはずである．

　このようにイルカたちは「群れ」をつくって生活をしている．では，その群れはどんな群れなのだろうか．

　ひとくちに「群れ」といっても，海に暮らすイルカたちでは「群れ」の定

図 2.1　群れで泳ぐイルカたち．(写真撮影：森阪匡通氏)

義の仕方も一様ではない．研究者によって，たとえば「半径○○ km くらい以内の個体をまとめて」とか「個体間の距離が○○ m 以内に集合しているもの」といったような決め方をしていることもあれば，そういった「距離」や「範囲」ではなく，「観察者から見える視界内で体長の○○倍くらいの間隔で同一の行動，同一の方向に泳いでいる集団」といったような，個体の同期した行動を基準として群れを考える海域（あるいは研究者）もある．生態に応じて，群れの定義の仕方も変わる．しかしながら，そもそも人からは見えにくい水の中に生活している動物なのであるから，どこまでが 1 つの群れと簡単に定義することはできないし，それが本当に「群れ」だと確かめる術もはっきりしない．したがって，さまざまな群れの決め方があることは致し方ない．

さて，イルカ類は複数の個体からなる集団となるが，その大きさ（個体数）はどうだろう．群れをつくっている個体数は小さいものから大きなものまでさまざまである．一般に，沿岸性のイルカの場合は 10 個体程度かそれ以下の比較的小さな個体からなる群れのことが多い（図 2.1）．しかし，外洋性になると，数百から数千という数の個体が集団となる．たとえば，本書で最も登場の多いバンドウイルカではふつうは 10 頭くらいの群れで観察されるが，しかし，多いときには 1000 頭を超す大集団をつくる．また，これ

も本書で登場の多いシロイルカは，夏季になるとカナダの湾口に3000頭を超す個体が集結することで知られる．このほかにも，カマイルカ，マダライルカなどをはじめとして大群をつくるイルカは多く，外洋に出るとそういったイルカの群れに遭遇することができる．なお，イルカのつくる群れは1つの種類ばかりとは限らない．バンドウイルカとオキゴンドウ，カマイルカとセミイルカ，ハシナガイルカとミナミバンドウイルカ……といったように，異なる種が一緒になって群れていることもある．

群れの構成員は流動的である．オスのグループ，母子を中心とする母系集団，若齢個体からなる集団などが複雑に変動する．しかし，中には堅固な「家族」をつくる種もあり，その典型例はシャチである．シャチは，母子を中心としたサブポッドをつくり，さらに血縁どうしで集合して数十個体，多いときには100頭を超える集団（ポッド，pod）をつくる．

イルカのつくる群れには，オオカミやイヌに見られるような顕著な固定的な順位制はないようだ．また，サル山で見られる「ボスザル」のような存在もないらしい．しかし，飼育下のイルカを見ていると，その環境内で個体間に強弱の関係ができあがることはよくある．したがって，野生のイルカでも，流動的ながらリーダー的な存在の個体がいる可能性があると考えられる．たとえば集団座礁で出てくるキーホエール（key whale）と呼ばれる個体は，そういう個体なのではないだろうか．

一方，海だけでなく，淡水にすむイルカもいる．そういったカワイルカ類は海生のイルカとは若干，生態が異なる．彼らは，単独でいるか，雌雄のペアあるいはせいぜい数個体程度の集団が一般的である．

2.2 社会行動

ヒトだってたくさん集まれば自然におしゃべりが始まり，仲間ができる．友達になり恋に陥ることもあれば，けんかをすることだってある．好きなヤツ・嫌いなヤツ，ウマの合う人・合わない人，先輩・後輩……集団ではさまざまな人間関係が構築され，そして複雑な社会行動が生まれる．

多くの個体からなる群れをつくるイルカでも，どうやらそのようなことがあるらしい．だが，同じく水生動物でたくさんの個体で集団をつくるイワシ

やサンマの群れではそんなことは決して起こらない．野生で（実は飼育下でも）イルカたちの生態を観察していると，さまざまに複雑で多彩な社会行動を見ることができる．そして，そのような行動こそが，イルカたちの知的特性を反映したものということができるのである．

（1）親和的行動

社会的な行動は，未熟な個体どうし，未熟な個体と成熟した個体，そして同性どうしなど，いろいろな関係で行われている．その中で，「親和的」な個体間の行動から見てみよう．もちろんそういう行動は野生ばかりでなく，飼育下でも見られるものである．

ドルフィンスイム（海で，イルカと一緒に泳ぐこと）などでイルカの群れに遭遇すると，ヒレを器用に動かしながら，イルカどうしがついたり離れたりしている光景が見られる（図2.2）．このようなイルカどうしの親和的行動には，接触感覚を介したものとして，胸ビレでお互いに愛撫しあうペッティングや体を相手にこすりつけるラビングなどがある．霊長類では「毛づくろい」が社会的な関係をつくる主要な行動になっているが，イルカでそれに相当するのが，この「ペッティング」や「ラビング」かもしれない．これま

図 2.2 海中でのイルカの個体間行動．（写真撮影：酒井麻衣氏）

16　第 2 章　イルカの生態——複雑な社会

図 2.3　イロワケイルカの個体間行動．胸ビレで相手の背中にタッチしている．なお，イロワケイルカはこのように逆さになって泳ぐことも多い．（鴨川シーワールドにて撮影）

で，そういったペッティングやラビングはバンドウイルカ，ハシナガイルカ，シャチ，ミナミバンドウイルカなど，いくつかの種で観察されている．また，イロワケイルカではオスの左胸ビレ（ときには右胸ビレのことも）の縁端部がギザギザした形状になっているが，その部分を巧みに使って相手の背中や腹部などを愛撫している（図 2.3）．また，シンクロナイズドスイミング顔負けの「求愛ショー」を見せることもある．接触することなく，2 頭のイルカが同期して並泳したり，同じタイミングで呼吸したりするが，これもお互いの親密な関係を表している．

　オスのイルカが，発情期に入ったメスをライバルのオスの群れから引き離そうとして，さかんにジャンプしたり，宙返りしたり，あるいは潜ってみたりと，多彩な行動を展開する．あたかもメスの「気を引いている」ようである．また，妊娠したメスどうしが何時間も一緒に泳いでいることがある．まるで，子育て論議に花を咲かせ……とでもいう感じだ．

　このような行動はお互いの愛情表現であったり，緊張やストレス状態からの緩和といった意味を持つと考えられるが，そういった行動を通して群れにおける個体間の信頼関係，あるいは母子間であれば親子のきずなが強まることになる．これはイルカという動物が集団の中で「自分」と「他者」を認識しているから可能であることを物語っている．

（2）攻撃，威嚇

　親和的行動が行われる反面，攻撃や威嚇などの敵対的な行動も見られる．そのような行動の一般的なものとしては，「相手に向かって口を開ける」「頭突き」「（相手の）体の一部をかむ」「尾で相手を打ちつける」などがあるが，このほか相手に向かって低周波数のクリックスを発したり（Connor and Smolker, 1996），顎を鳴らしたりといった，音によって威嚇することもある．ハシナガイルカでは体をS字状にした姿勢をとることが目撃されているが，これはサメの泳ぎ方を模倣して相手を威嚇したものと解釈されている．

　バンドウイルカではオスが連合し，さらに別のグループに支援を頼んで，メスをめぐって他のオスのグループと争いをしていることが報告されている（Connor *et al.*, 1992a, 1992b, 1999, 2001）．また，スコットランドでは，おそらく餌をめぐってであろうが，バンドウイルカがネズミイルカを襲っている映像が紹介されたことがある．

　かつて日本では，イルカは「平和の動物」とか「神秘な笑いを秘め」などと，平和主義な動物とか超自然的な動物にまつりあげられたことがあった．しかし，イルカはやはり野生動物．このように争いもすれば，相手を殺すことだってあるのだ．

（3）遊び

　野生のイルカを見ていて，最も興味をいだく行動の1つが「遊び」である．イルカたちの遊び方は実に多彩で，見ていてどこか人間くさい気もしてくる．

　船に乗っていると，ときおりイルカたちが空気中に高く，あるいはきりもみ状にスピンしながらジャンプしているのが見られる（……らしい．船に弱い私にはまだ目撃した経験がない）．これは彼らの遊び行動の1つと考えられる．また，船の傍らでイルカが一生懸命，船の船首波に乗ろうとしていることがあるが，これも同様に遊びであろう．沿岸域にすむスナメリは，まるでサーファーのように自然の波に乗って「遊んでいる」ことがある．

　海の中でもイルカたちはさまざまな遊びを披露してくれる．海中に漂う海藻の切れ端を器用に胸ビレや背ビレに絡ませたり，吻先に引っかけたりして遊んでいる．また，水に浮かぶ木切れやゴミも彼らの遊び道具になる．一方，

図 2.4 フィンで遊ぶバンドウイルカ．（南知多ビーチランドにて撮影）

飼育下のイルカではさらに遊び方が顕著である．水槽内にボールやフープ，使わなくなったフィンなどの道具を入れてやると，それを使っていろいろ遊んでいる（図 2.4）．水中ショーで水に潜ったダイバーも，ときとして彼らの格好の"遊び道具"と化してしまうこともある．

　海の中で大きな群れをつくるサンマやイワシでは，そのような遊びの行動を見ることはない．では，なぜイルカは遊ぶのだろうか．たとえば，海の中でイルカが小さなサカナをくわえては離し，また，くわえては離しといったことを繰り返すことがある．これは「遊び」としてだけでなく，餌をとる練習にもなる．あるいはそれを子イルカに見せることによって餌のとり方を教えているのかもしれない．このように，「遊び」の目的は，そういう行動を通して生きていくうえで必要な所作や関係を会得し，育んでいくことにもあるのかもしれない．

しかし，イルカたちの遊びにはそれ以外の目的がある．それは「遊ぶために遊ぶ」ことである．バンドウイルカでは呼吸孔から出す空気でリングをつくり，その中をくぐったり，口でつついたりして遊んでいる行為が目撃されている（Marten *et al.*, 1996）．また，飼育下のシロイルカが，口に含んだ空気を吹き出しながらつくりだした空気のリングで遊んでいるのを飼育員が見つけ，一躍水族館の人気者になった例もある（長谷，2010）．さらに，スナメリでも自発的にそのような行動をしたことが確認されている（古田，私信）．これらは誰かから訓練されたものではない．イルカが自発的に遊び道具をつくりだして遊んでいるのであり，しかも，特に他に目的の見出せない「遊ぶための遊び」である．

（4）親子の行動

イルカでは親子間のきずなも深い．生まれたばかりの子イルカが母親にぴったりくっついて泳ぐのはもちろん，母親も子イルカから離れずに泳いでいる．ちなみに，母親の体の上部のあたりにいると母親のつくる水流に乗って前進できるので，そこは子イルカにとって楽な場所となる（図2.5）．

イルカの場合，一般に授乳期間は2年くらいだが，種によってはその後さらに数年，授乳が続くものもある．ずっと母子のむつまじい行動が続くのであるが，その間も母親はホイッスルを出し続け（Evans, 1987），一方，子イルカも出生直後からホイッスルやバーストパルス（クリックスのうちで低周

図 2.5　イロワケイルカの親子．（写真撮影：浅井堅登氏）

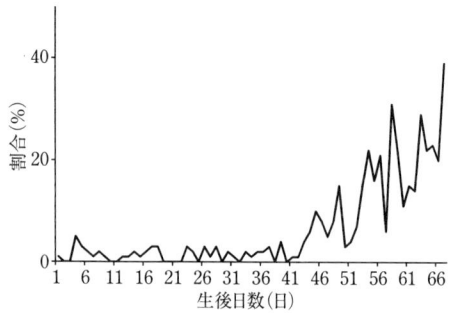

図 2.6 バンドウイルカの子どもの生後の日数と単独で遊ぶ時間の割合の変化．（村山，2003 より改変）

波域にエネルギーがある音）を発する．バンドウイルカなどではシグニチャーホイッスルといって個体固有の鳴音を発することが知られているが，子どものシグニチャーホイッスルは，必ずしも親のそれと似ているとは限らないようだ．そういう場合は，おそらく母親以外のホイッスルを手本として，学習によって自分独自のシグニチャーホイッスルを獲得していると考えられる．

育児に関する特徴的な行動の1つに「乳母役」のイルカの出現がある．未成熟なメスや出産経験のあるメスが，母親に代わって子イルカの世話をする（Evans, 1987）．このような行動では，特に未熟なメスにとっては育児の訓練にもなっているのではないだろうか．

やがて時間の経過とともに子離れ，親離れが起きてくる．飼育下の観察事例であるが，授乳期間中であっても，比較的早い段階から子イルカは単独で行動するようになる（図2.6；村山，2003）．

ところで，シャチやバンドウイルカ，コビレゴンドウなど，いくつかの種で死んだ自分の子どもを運ぶ行為が目撃されている．チンパンジーでも，死んだ子どもの死体をいつまでも自分の背中に背負っている母親の姿が紹介されたことがあるが，イルカでも同じことが行われているわけである．「死」に関する認識がないのかもしれないが，子どもへの愛情を示す例ともいえそうである．

（5）狩りと共同行動

　イルカたちの餌はサカナとイカである．しかし，目の前をすばしっこく動き，逃げまわるサカナを捕らえるにはやはり相応の苦労が必要なはずである．彼らが餌をとる方法はさまざまで，むろん，力の限り餌を追いかけまわし捕まえることがほとんどであるが，大群となっているサカナを前にすると，目移りしてしまうせいか，案外，捕獲できる割合は低い．これは，大勢で鬼ごっこをしているのに，鬼は逃げまわる人をなかなか捕まえられないのと似ている．もっとも，捕らえられる餌の側にしてみれば，そういったこと（すなわち，捕まる確率が下がること）がまた群れをつくる利点の1つとなるわけだ．しかしそこでイルカたちは，ときとして，さまざまな捕獲方法を工夫している．それは群れの仲間との見事に共同した戦法である．

　イルカたちは，並んで泳いでいるうちにある個体が餌を見つけると，ふつうは一斉にそれをめがけて合流する．しかしこのとき，群れの一部がグループをつくり，サカナを"追い込んで"捕食することがある（Baird, 2000; Connor, 2000; Acevedo-Gutiérrez, 2002）．それは，サカナを挟みうちにしたり，あるいは水面に追い込んだりする（Würsig and Würsig, 1980）といった巧妙なやり方である．また，岸近くに追い込み，尾ビレでサカナを岸へと跳ね上げるといったこともする．強靭な尾ビレの力により，一瞬のうちにサカナが岸へと飛ばされていくのだが，そこでイルカは自分もその岸に乗り上がっていってサカナを捕獲する（Würsig, 1986）．また，自ら呼吸孔から空気の泡を出しながら泳ぎ，泡のカーテンをつくることによって餌のサカナの進路を遮り，通せんぼをして封じ込めて捕獲することもする．ヒゲクジラ類のザトウクジラが泡を出しながら回転して泳ぐことで泡のカーテンの輪をつくり，その中へ餌を囲い込むやり方をすることが知られているが（バブルネットフィーディングと呼ばれる），それと似ている．

　このような餌の捕らえ方に共通したことは，イルカたちが結果を予測して行動していることである．その典型はシャチでも見ることができる．ある海域のシャチは季節になると陸にいるオタリアを襲いにやってくることで知られている．このとき，このシャチは2個体で見事な連係プレーを見せて獲物をしとめる（「7.5　協力行動」参照）．それはシャチが的確に獲物をしとめ

るために身につけた予測や予見の結果である．しかも，シャチのこのような捕獲方法は娘や周囲の個体にも伝播し，1つの「文化」を形成している．

　少し前，イルカが「道具」を使って餌を探していることが報告された．オーストラリアのシャーク湾に生息しているバンドウイルカたちが，カイメンを使って砂を掘り返し，砂中に潜む餌を探していたという（Krützen et al., 2005）．カイメンはそもそも生き物であるので，それを別の用途として用いているのだから，「道具」として機能していることになる．しかも，そういうことをするイルカたちの遺伝子を調べた結果，このやり方で餌を探しているのは血縁関係にあるメスの個体だけであった．行動の遺伝子がメスだけに発現するとは考えにくく，母系家族からなる群れとして暮らすうちに母親から学んだのかもしれない．

2.3　コミュニケーション

　社会行動の中で，最もイルカらしいものといえるのが「コミュニケーション」ではないだろうか．彼らは聴覚，視覚，接触感覚などを駆使しながら，巧みにお互いに情報交換を行っているらしい．

（1）聴覚によるコミュニケーション

　イルカは「音感の動物」ともいわれるように，優れた聴覚能力を反映して音を使ったコミュニケーションを行っていると考えられている．それは，「非音声的」なものと「音声的」なものとに大別される．

　上述したが，イルカたちは水から高くジャンプして，そして水面へ水しぶきを上げながら落ちることをよくする．野生だけでなく，飼育下の個体でも見られる光景だが，これはブリーチングと呼ばれる行動で，そのときの水に落ちる音，水しぶきの音がなんらかの情報を周囲に与えていると考えられている．ジャンプの水音だけでなく，ヒレで水面をたたくこともよくするが，そのときの水音も同じ意図があるとされている．また，水中で呼吸孔や口から泡を出すときに出る音もなんらかの情報発信の役割をしているかもしれない．既述のように，口を開け閉めしながら相手に対して顎を鳴らす（図2.7）のは威嚇の意図を送っていることを示す．このように，いろいろな非

図 2.7 シロイルカの威嚇．(鴨川シーワールドにて撮影)

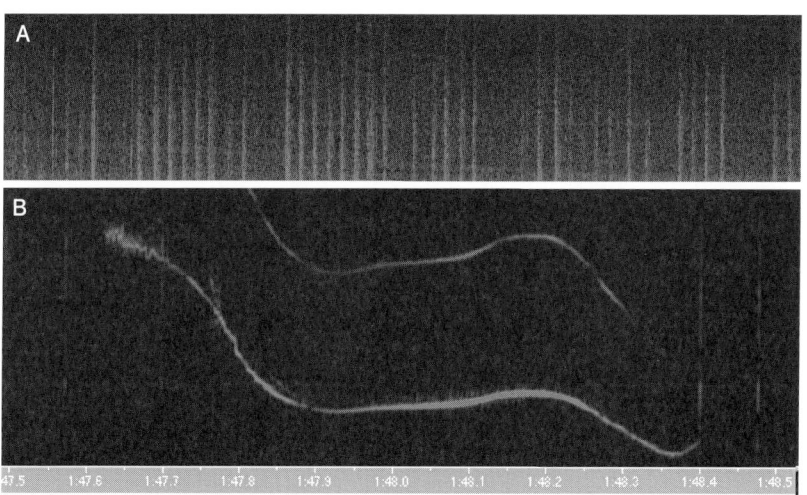

図 2.8 バンドウイルカの鳴音のソナグラム．A：クリックス，B：ホイッスル．

音声的手段を講じて，イルカたちはなんらかの情報を発しているらしい．

一方，音声的な手段によるコミュニケーションについては古くから知られており，多くの研究がなされてきた．イルカは，高い周波数までを含むパルス状の音である「クリックス」（図 2.8A）とクリックスの中でも低周波域にエネルギーのあるバーストパルス（「ガッ，ガッ」といったように聞こえる），連続した音である「ホイッスル」（図 2.8B）などを発する（ネズミイルカ科のように，クリックスしか出さない種もある）．このうちホイッスルはコミュニケーションの役割を担っていると考えられている．離れ離れになったイルカの母子がお互いを探しあてるまでホイッスルで鳴き交わしているという報告もあるが（Smolker $et~al.$, 1993)．さながら，デパートで迷子になった子どもが泣きながら「ママー，ママー」と母親を探しまわり，母親のほうもあらん限りの声で子どもの名前を連呼しているのと似ている（ちなみに，このような動物の親子の音声による鳴き交わしについては，私も飼育下のトドの親子で見たことがある）．バーストパルスも種内のコミュニケーションに用いられていると考えられている（Nakahara, 2002)

また，別のエピソードもある．カリフォルニア半島のある湾で，そこへやってきた5頭のバンドウイルカが前方に杭による障害物に気づいた（らしい）．すると，偵察役と思われるイルカがあたかも前方の障害物の様子を調べるかのようにその周りを泳ぎまわった．そして，その後しばし群れの仲間とホイッスルを鳴き交わしたと思ったら，全員で障害物を通り抜けていったという．イルカが，ときとして連合を組んで行動をすることがあるのはすでに紹介したとおりだが，その際にもその仲間の間で同じホイッスルを共有することがある．この湾の例では，前方の障害物が安全だということをホイッスルで確認しあったのだろうか．

バンドウイルカなどが持つ個体固有のホイッスル（シグニチャーホイッスル）は，一度獲得したら一生変わらない．「私はこういう者です」といった発信者の特定や個体を識別するための信号の役割をしているのかもしれない．また，マッコウクジラは反復した特有のクリックスである「コーダ」と呼ばれる鳴音を発し，シャチも「コール」という群れ（ポッド）特有の鳴音を持っている．親密な群れを形成するうえでは，その個体が群れのメンバーであることを認識・確認することは重要であり，このような，個体あるいは群れ

に特徴的な鳴音は仲間を識別するための有効な手段となりうるものである．

鳴音には他にも役割があるのだろうか．求愛を意味する鳴音があることは想像されているが，しかし，陸生哺乳類で見られるような明確な警戒音や，ニワトリが出すいわゆるフードコールのような役割の鳴音は，イルカでははっきりしていない．もっとも，高い音域が得意な動物であるから，ヒトには聞こえない音，換言すれば自分たちにしか聞こえない音でやりとりがなされているのかもしれない．

（2）視覚によるコミュニケーション

視覚によるコミュニケーションもさまざまなものがある．たとえば，視覚によるディスプレーとしては，図2.7で紹介したような口を開けた威嚇や，体をS字状にしてサメのまねをしてみせたりすることなどが挙げられよう．また，イルカには体にさまざまな体色や模様を持つ種がいるが，そのような模様のパターンが種や個体の識別に用いられている可能性も考えられる．年齢に応じて，ヒレとか吻の大きさや体色が変化したり，斑紋が生じたりする種もある．これらの形態的な特徴がその個体の様子を知る手がかりとなっているかもしれない．

このように視覚的な情報も一定の情報交換の材料にはなっているかもしれないが，ただし，あくまでも「見せつける」ことで相手に知らせることなので，聴覚による場合に比べて消極的なコミュニケーション手段であることは否めない．

この章では，ほんの一握りではあるが，イルカの「社会」について概観してきた．強く社会的に結びついている個体どうしがさまざまな個体間の行動を呈し，しかもそれらは偶発的に生じたものではなく，明らかにイルカたちが因果関係を理解して起こしたと思えるものが少なくない．かつて「イルカは賢い」と唱えたリリィは，脳の大きさをその根拠とした．しかし，イルカの生活ぶりを丁寧に見てみると，そのライフスタイルは驚くほど「人間的」なのである．

第3章　飼育と研究
——水族館のイルカたち

　「イルカは賢い」といわれることについて，前章では彼らの生態からそのことを裏付ける事象を概観した．そこからイルカの「賢さ」すなわち認知過程が複雑であることが想像できるが，では，その認知の仕組みはどのようにして調べたらよいだろうか．イルカの認知研究の成果を紹介する前に，まずその研究方法についておさらいしてみることにする．

3.1　観察と実験

（1）飼育動物の研究

　そもそも「知能」や「認知」というものは，その動物をただ外から見ていてもわからない．では，知能や認知の発信源は脳であるからと脳を解剖してみても，それが大きいとか重いとか，しわが多いとか少ないとか，あるいは神経がどのくらいあって，どこへどうつながっているかといった定性的な特徴は把握できても，「ああ，これが知能か」と"知能"をピンセットでつまみあげられるものでもないし，どんなに高価で高倍率の顕微鏡でも「認知の細胞」は見つからない．ちょうど，高級車の大きなエンジンをいくら眺めても，その乗り心地はわからないし，精密そうなICが密集しているパソコンの裏側をのぞいても，そのコンピューターで実際になにができるのかはわからないのと同じである．

　このように動物がどのような認知構造を持ち，それがどの程度の能力なのかを調べるとき，脳や神経の構造を詳細に観察しても認知の実態は理解できない．脳はあくまでも知能を生み出す「部品」であり，穴の開くほど脳を眺

めても，そこから生み出される知的特性や「賢さ」はわからない．それは動物にさまざまな条件や状況のもとで行動をしてもらうことで初めて理解できるのである．車も，運転して走らせてみて，初めてその性能が体感できるのだし，パソコンも電源を入れてソフトを駆動させてみることによって，案外旧式で，処理が遅いなどということがわかる．このように，動物の認知の特性や能力は目的に応じて動物になんらかの実験的な手続きを処方して，動物に自発的に行動を発現させることによって理解することができるのである．これは第1章で紹介したハーマンの考えと同じである．

　特定の行動を発現させるには一定の訓練や学習が必要である．後述するように，ある目的に関して調べるには，それに合った訓練や実験方法が存在する．たとえば，視力を調べるには動物に直線を識別させることを教え込まなければならないし，言語理解の研究では見本となる刺激と比較刺激（選択肢）の対応関係を理解させなければならない．また，正解したときやうまく行動できたときのごほうびの与え方（強化の仕方）も目的に応じて異なる（正解しても強化をするときとしないときがある）．このような方法で実験を進めていくためには，たった今，野生から捕らえてきたばかりの動物に，そのまますぐにいろいろなことを訓練しようとしても，それは不可能である（多くの動物の場合，野生から捕獲してきた場合に，まず人々の最初の目標となるのは「餌付け」なので）．このようなことから，動物の知能や認知について調べるためには，飼育されている動物を使った研究が主体となる．

　むろん，野生個体を対象とした認知の研究も行われる．前章で概観したように，イルカの社会を見ていると，親子間や仲間どうしといった，個体間で発現される行動には知的と思えるものが数多くあるので，それらを丁寧に観察すればよい．しかしその一方で，そういった行動は動物まかせのものであるので観察には困難が多く，次にいつ起こるか予測もできないため再度の検証も難しい．さらに，突然生じる行動のため，見逃したり，見落としたりする情報も多いはずである．また，野生では周囲に多くの刺激が存在しているため，そのような行動が引き起こされた動因がなにであるのかを特定することは困難であり，そのような行動観察だけで認知の構造までを説明するには至らない．

　これに対して，飼育下では実験環境や条件を統制することが可能なことが

最大のメリットである．「本当はどのように感覚しているのだろうか」「こんなとき，どちらを選択するのだろうか」「なにを基準にそう反応したのか」など，動物の認識や判断の仕方を理解するために種々に条件や環境を変えて要素を絞り込んで実験をしていくことで，その行動が引き起こされた要因を洞察することが可能になる．たとえば音に反応する行動が見られた場合，特定の音だけを聞かせることによって，反応に関係するのがどんな音なのか，あるいはそれは本当に音に反応したのかなどを知ることができる．このようなことから，飼育下の動物における実験的検証が認知研究の非常に重要な部分を占めている．

（2）研究・実験場所

では，飼育下のイルカを対象として認知機構を研究できる場所はどこか．

陸上動物であれば種々の大学や研究機関，飼育施設，動物園などが研究場所になる．また，水生生物でも魚類やエビ・カニなどの甲殻類，イカ・タコなどの頭足類，そしてヒトデや貝類といった小型の動物たちなどは大学や研究所などの実験室レベルで飼育することが可能である．そのため，それらの場所がそのまま実験場所になる．

これに対して，海獣類の多くは水族館で飼育されている．あの大きな体を余裕を持って収容できるだけの大量の水を維持するには，状況に応じた特別な施設が必要で，それが水族館だからである（図3.1）．ただし，一部に動物園や，必ずしも水族館ではない施設で飼育されることもあるが（たとえば，座礁したり，定置網などに混獲されたイルカを一時的に特設の飼育施設に保護する場合など），それはきわめて稀であるし，恒常的でもない．したがって，そのような例外的な場合を除いて，基本的に飼育下のイルカを用いた研究は，それらが安定して飼育されている水族館において行われることになる．もっとも，海外では大学お抱えの施設でイルカを飼育したり，国家的な予算のもとでイルカを直接飼育している研究機関もあったが，もちろん日本にはない．

水族館では飼育個体について日々の健康状態や摂餌量などが厳密に管理されている．また，飼育環境も基本的に一定に保たれており，イルカが健康な状態で飼育されている．さらに，各個体の搬入時の状況についても正確に記

図 3.1 水族館．海獣類（イルカ）を飼育するには大きな水槽が必要である．（鴨川シーワールドにて撮影）

図 3.2 シロイルカの訓練風景．訓練は水中でも空気中でも行われる．（鴨川シーワールドにて撮影）

録があるので，年齢（推定の場合も含む），個体間の関係（血縁・血統関係），病歴，出産歴など，個体の飼育履歴が明確である．実験に際しては，個体の状態を整えるうえでこれらの情報がたいへん重要であり，それが野生個体を対象とする場合と大きく異なる点である．野生では，丁寧な観察をすれば個体間の関係や年齢等を推定することもできるが，詳細な病歴や健康状態までの把握は困難である（せいぜいサメにかまれたことがあるとかいったくらいだ）．成果を得るまでに長い時間（期間）を要する認知研究にとっては，それらの情報が前提として不可欠であるため，水族館での個体は被験体として，きわめて適切なのである．

　また，水族館では展示用のパフォーマンスのために日々さまざまな訓練が行われている（図 3.2）．イルカを長期間飼育するうえで培われてきたそのような飼育技術・訓練技術あるいは飼育職員の経験などが，たとえそれが研究に直接関連しないようなことでも実験の進展に大きく寄与することが非常に多い．たとえば，なにかを識別させる実験で，試行を始める際の動物とのアイコンタクト（飼育職員はイルカの注目の度合いを経験的に知っている），正否の判断や強化のタイミング，そしてその時々の被験体の体調などはパフォーマンスの訓練をする場合とも共通である．これらを実験者がよく把握していないと，実験においてたとえば動物が不正解の反応であった場合，それが動物本来の能力から出た回答（反応）なのか，動物の状態になにかトラブルが生じたためなのか，それとも「たまたま」なのかが判然としない．これらが実験者によってぶれてしまうと被験体である動物のほうが混乱してしまい，実験が進まないことになる．また，実験で使用する道具や装置も，その水族館（水槽）の構造や被験体となる個体の特性を熟知している人のほうが，はるかに実用的で安全なものを工夫したり，考案してくれる．

　以上のようなことから考えると，イルカ類の認知研究は水族館でしかできないし，また，水族館が研究にはたいへん適した施設ということができるのである（図 3.3）．

（3）実験に適した種と個体の選び方

　次に，このような飼育下の認知研究に適しているのはどんな種や個体だろうか．

図 3.3 水族館における実験風景．（しながわ水族館にて撮影）

　水族館にはイルカはたくさんいるし，おそらく研究に向いた個体もたくさんいるだろう．しかし，水族館には実験を「待っている」イルカはいない．ふだんパフォーマンスで活躍している個体や一般の展示用として飼育されている個体が被験体となるのである．

　認知研究の関心の中心は「イルカ類はどのような認知特性，認知能力があるのか」ということである．この目的を第一に考えるので，基本的には種にはこだわらず，"イルカ"であればよいことになる．したがって研究に適切なのは，まず飼育が可能（一定の原則的な飼育方法が確立していること）で，ヒトに慣れやすい種ということになる．

　その一方で，動物の知的特性や能力は生息する環境によって育まれる側面を持つことから，その知能の構造を考察するうえでは，その種が有する生態が重要なかぎになる．大きな群れをつくる種や群れの中で特有の鳴音を持つ種，あるいは仲間どうしで「協力して」狩りをしている種などは，個体間や群れ間で（もしかしたら種間でも）なんらかの情報の交換が行われていると考えるのが自然だろうし，よってそういう生態は知的特性の発展に寄与していることを示唆している．つまり，そのような複雑な社会行動をする種はそ

れなりに知的特性が発達していると考えることができよう．したがって，そういった種が認知研究には好ましいことになる．生態もよくわからないような希少な種は，別な分野では学術的な意義があるのだろうが，認知の実験対象としては特段のメリットを有していない．

さて，このようなことからこれまで実験的に認知を探究する研究には，バンドウイルカ（図 3.4A）が圧倒的に多く，ほかにカマイルカ（図 3.4B），オキゴンドウ（図 3.4C），ハナゴンドウ（図 3.4D），シロイルカ（図 3.4E），シャチ（図 3.4F）などがよく対象となるが，もちろんもっと他にもあるだろう．これらの種は上述したような飼育事情に合い，また，生態もよく調べられている．そして，いずれもすでに世界各地の水族館で長期にわたる飼育の歴史があるものばかりで，水族館のパフォーマンスでおなじみの種である．パフォーマンスで活躍している種はそれだけ飼育も訓練技術も確立していて，逆に動物のほうもヒトや道具を介した訓練に慣れているので，実験には適した種と考えることができる．

さて，種が決まったからといって，その種であればどの個体でも実験可能であるわけではない．擬人的な表現を使えば，イルカにも（そしておそらく，その他の多くの動物でも）「個性」がある．行動に落ち着きや集中力がない，反応が遅い，行動に癖があるなど，ヒトとよく似た行動を示すことがあるので，それをよく見極めなくてはならない．それらと訓練との適性を考慮することが実験の成功を左右する．

また，水族館の飼育事情も勘案する必要がある．実際に実験を行う場所，各個体のパフォーマンス等への参加頻度，動物自体の様子などを吟味する．実験装置などの設置が困難な場所では実験はできないし，ショーステージのある水槽（メインプール）などで飼育されている個体は実験時間が限定される．実験のためにわざわざ動物を遠くの水槽まで移動するようなことには危険も伴うし，その手間も膨大である（図 3.5）．妊娠個体や繁殖用にと考えられている個体を実験に供することもできない．さらに，花形のショー個体を長期の複雑な訓練に使うことには配慮が必要だ．

以上のようなことを考慮していくと，必ずしも第一希望の種や個体が適切とはいえないことも少なくない．もっとも，「けがの功名」というべきか，私はかつて，予備に考えていた個体が実は実験してみたら大活躍だったとい

う経験がある．

　個体の飼育状況も留意しておかなければならない点の1つである．私の経験では，水槽内に単独で飼育されている個体よりも，複数で飼育されている個体のほうが警戒心も少なく，行動パターンも豊富である．なので，そういう個体のほうが条件付けには適しているように感じる．

　ただ，一般には1つの水槽で複数の個体が飼育されていることがふつうであるが，しかし，その場合，個体間のバランスが実験結果に影響を及ぼすことが多々ある．個体間に強弱の関係があり，水槽の中にいる個体どうしに極度に緊張が高まっているときなどは，被験体は実験への集中力が低下する．そういうときは，たとえばなにかを判別させる実験をしても正解率がチャンスレベル（偶然に正解する確率のこと．つまり「あてずっぽう」のことで，たとえば二者択一実験ならば50%，三者択一ならば33%）であったり，一方の比較刺激だけを執拗に選択するといったことも多い．前日まで順調に成果を挙げていた個体が，個体どうしの威嚇や闘争に巻き込まれたおかげで，まったく実験にならないときもあった．したがって，実験に起用する被験体が決まったら，それ以外の個体が実験に影響を及ぼさないような配慮と工夫を講じることになる．

　なお，認知の分野は「実験」だけがすべてではなく，たとえば自己認知や環境エンリッチメントに関連した研究などでは「自然的観察法」（後述）が行われる．その場合は，行動の観察が主体であるから，訓練や条件付けについて考える必要はない．しかし，少なくとも安定して飼育されていることが最低限の条件であることには変わりはない．神経質で，自分が飼育されている水槽に慣れていなかったり，1個体のみで飼育されていて警戒心が強かったりする場合などは，じっとして動かないことが多いとか常同行動（常に同じ行動を繰り返すこと．異常行動の1つ）が続くなど，不自然な行動になりやすいので，たとえ「観察」でも研究には適さない．

　最後に，大切な条件をもう1つ．

　生物学的というよりは社会的な事情であるが，いかに適した種や個体がいても，実験場所（水族館）が遠隔地であったり，その付近に長期で滞在できる場所がなくては実験は難しい．認知実験は長期間を要するものであるから，滞在や移動についての経済的な事情も考慮すべき要因とならざるをえない．

図 3.4　実験に用いられる主な種.
A：バンドウイルカ，B：カマイルカ，C：オキゴンドウ．

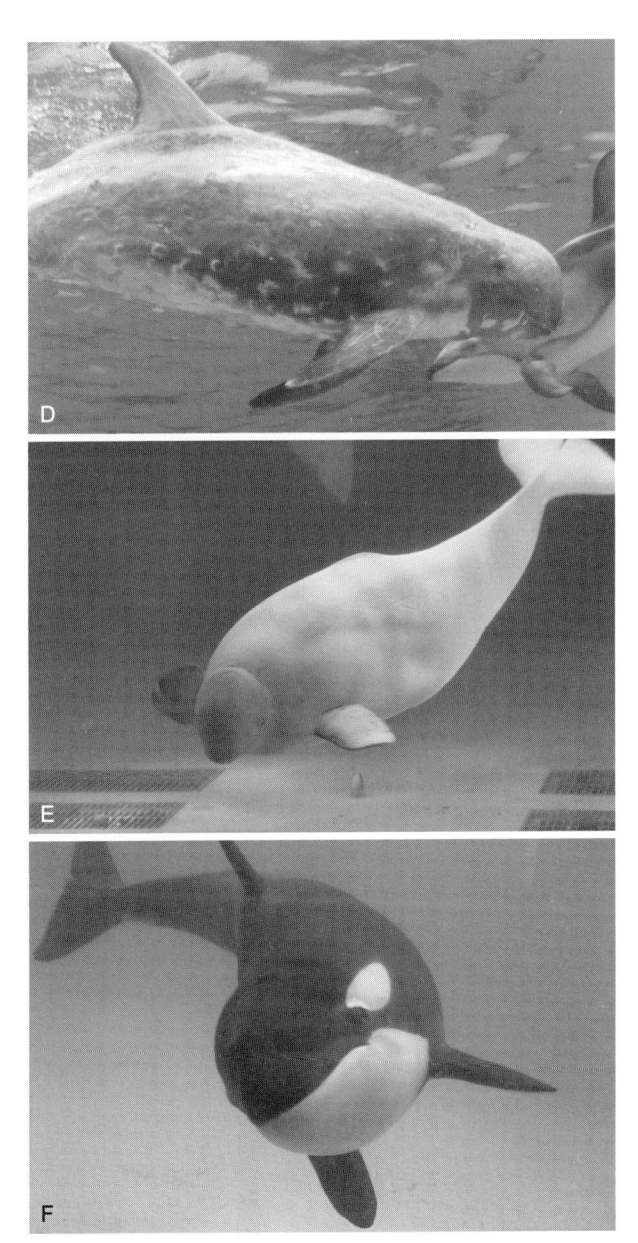

D：ハナゴンドウ，E：シロイルカ，F：シャチ．もちろん他にも実験対象となる種はある．

図 3.5 実験のためのイルカの移動．多くの人員と膨大な手間がかかる．（鴨川シーワールドにて撮影）

（4）研究方法

さて，動物の認知に関する研究はどのようにして行われるのだろうか．それは下記に挙げるような3つの方法に大別される（藤田，1998）．すなわち，自然的観察法，実験的観察法，実験的分析法である．前二者は野生でも飼育下でも可能な研究方法であるが，最後の実験的分析法は実験室等（イルカの場合は水族館等の飼育施設内）で行われることがほとんどである．

自然的観察法

野生，飼育下にかかわらず，動物の自然な行動やそれに関連する事象を第三者的立場から視覚的に観察する方法である．心理学における最も基本的な研究法の1つで，動物を拘束したり，統制したりせずに，自然な状態の行動を注意深く観察し，生じた行動や現象を記録，記載していく（図3.6）．そして，得られた結果とその周囲の自然環境，社会環境などと照らし合わせることで，その行動の意義を分析するのである．記録は観察者自身がノートに記録したり，補助的にカメラやビデオで撮影をして行う．

イルカ類では，野生の個体を対象とした自然的観察法による行動研究は非常に多い．このうち認知の分野で注目されるのは，水中にある浮遊物を使っ

図 3.6 自然的観察法．双眼鏡などを用いて，離れた場所から動物の行動を探る．

た遊び行動，鳴音や行動を使った個体間のコミュニケーション，群れの社会行動などである．たとえば，イルカはゴミや木切れ，海藻の切れ端などを遊び道具にして遊ぶことがあるが，それらは生きていくことに直接関連しない行動として注目される．また，イルカの中には口や呼吸孔から空気を吹き出して空気の輪をつくって遊ぶ行為をするものがあるが（Marten *et al.*, 1996；長谷，2010），本来，上に浮かんでいくべき空気の輪を横方向や下方向に向けて出すには"練習"が必要なはずだ．しかし，そうやってつくりだしたバブルリングをくぐったり，くわえたりしながら遊んでいる．こういった遊びの光景は，脳に余裕があるために可能な行動と解釈できる．

　この自然的観察法では，動物が自由なので，動物の示すあるがままの行動をとらえることができる反面，いくつか欠点もある．まず，そもそもイルカがその観察場所にいつ出現するか，予測ができない．こういう調査の大半が徒労に化す理由はここにある．運よく現れてくれたとしても，そこで見られる行動はあくまでも動物の任意のものであるため，行動の予測ができず，したがって多くの観察例を集めることが困難である．再現も難しい．また，特定の行動を示した場合，その動因が確定できない．つまり，周囲の環境に刺

激が多すぎるため,それらのどの要因と因果関係があるのかを特定することができないので,認知の構造までに考察が及びにくい.たとえば,群れの中の特定の2個体のイルカが突然並んで泳ぎ始めたとき,それはふつう繁殖行動の端緒と解釈される.しかし,それがなにをきっかけとして起こったのか,あるいは単なる偶然なのかについては断定することができないし,そもそもその行動が繁殖行動につながるものなのかも本当は定かではない.

さらに,目の前で生起しない現象は観察が不可能であることも忘れてはいけない.というのは,最近は行動をビデオなどで収録して,あとで観察・検証するという方法が多く見られるが,撮影範囲外で起きたことは記録に残らないし,また,たとえ記録に残ったとしても,3次元の出来事を2次元の映像で再現することで奥行き感が喪失するなど,データの精度が落ちることもある.万一,記録の機材が故障したら,それこそなにもかもおしまいである.

この自然的観察法は野生の動物の場合が主流ではあるが,水族館のイルカにおいても研究例はある(図3.7).ただし,水槽の大きさは限定されているため,たとえば群れの特性を調べるといったようなことは不可能で,親子間の行動や2個体における個体間行動,単独個体の行動など,少数個体の個体レベルの行動観察になる.

図 **3.7** 飼育下における自然的観察法.(鴨川シーワールドにて撮影)

実験的観察法

「実験的観察」とは，研究目的に沿って環境になんらかの条件の統制を加えて特定の行動などを引き出させ，観察する方法である．現実には，観察場所に一定の実験的な措置を施し，それに対してどのような行動をするかを検証する．たとえば，アフリカの山中に生息するチンパンジーの一部では石を用いた木の実割りをすることが知られている．そこでその光景を検証するために，ふだんチンパンジーがよく現れるところに石を故意にたくさん置いておく．それにより，チンパンジーがどのような石をどのように使うかを観察することができるのである．石を使うこと自体は訓練をしたり，なにか強制したりしたものではなく，チンパンジーの任意で自然な行為である．このように，目的に応じて関心を持つ点，調べたいことについて環境変数を変えた場合，それに応じて起こる行動の変化から環境と行動の因果関係を明確にしやすい．

飼育下のイルカにおいてもこの方法による研究は可能である．たとえば，イルカがよく見せる木切れやサカナなどで遊ぶ行動について，実際にどのような遊び方をするのかを調べるため，飼育されている水槽内にいろいろな道具を投入してみて反応を観察するといった方法が考えられる．図3.8は，氷に餌を閉じ込めて水槽に投入したときのイルカの反応を見た実験である．「ちょっととりにくい餌」に対してどんな反応をするのかを調べてみた．また，簡単な摂餌の道具をつくって，餌のとり方を観察するような実験も行ったことがある．

あるいは，水深と泳ぎ方の関係を調べたこともある．イロワケイルカは野生では，逆さになって泳ぐことがあることが知られているが，飼育下でもそのようなことが観察された．鴨川シーワールドで飼育されていたイロワケイルカは，確かに，よく逆さになって泳いでいた．そこでどのくらいの水深になるまでそのような泳ぎ方をするのかを調べるため，飼育されている水槽の水を少しずつ，そして最後まで抜いてもらったことがある．環境を実験的に操作して……ということであるが，大きな水槽の水を全部抜いてもらうわけであるから，水族館の厚意と協力も大切な要素である．

このほか，第7章で紹介する自己認知の実験もこれに該当しよう．水槽に鏡を設置して（図3.9），それに対する動物（ここではシャチ）の自由な行

図 3.8 実験的観察法.水槽に氷を投入し,それに対する行動を観察する.(南知多ビーチランドにて撮影)

図 3.9 自己認知実験.水槽の横に鏡を設置して,反応を観察する.(鴨川シーワールドにて撮影)

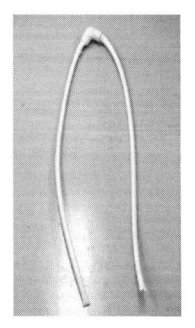

図 3.10 投入した「擬似ワカメ」.

動を観察するものである．

　しかしながら，この実験的観察法においては，あまりにも人工的な操作やいきすぎた統制により通常の状態からかけ離れることのないよう配慮することも忘れてはならない．

　その例を1つ紹介しよう．

　イルカが海藻で遊んでいる光景がダイバーなどに目撃されることがある．そこで，かつて私はその海藻遊びの行動を解析するために，海藻の動きに似せて，ホースと塩化ビニールのパイプでつくったもの（「擬似ワカメ」と称した；図3.10）を水槽内に投入し，観察を試みた．しかし，イルカはそれを敬遠・警戒してしまい，まったく寄りついてもこず，実験にならなかった．この「擬似ワカメ」は，海藻の「動き」という機能を主に再現したものであったため，形状や質感が海藻とは異なってしまい，かえってイルカから警戒されたのかもしれない．このように，あまりに環境や条件が不自然だと正確な観察にならないこともある．要するに，やりすぎはよくない．

実験的分析法

　厳密に統制された環境において種々の反応を実験的に検証するもので，認知研究の重要な部分を占める方法である．この方法では，野生の状況では統制が困難な変数を実験者が意図的に操作し，実験の条件を絞り込んでいく．そうすることによってその効果を厳密に観察・測定することが可能であり，刺激要因と反応の因果関係を明確にできる．実験室などの統制された環境で行われるため，飼育下のイルカでも実験例は数多い．

　具体的には，オペラント条件付けにより動物に一定の条件付けを施し，学習したことを応用させて比較刺激を弁別させたり（図3.11），なんらかの行動を起こさせる．このとき，選択肢である比較刺激の特性を変えることで生じる反応の違いから，種々の認知の仕方や感覚能力を調べることができる．たとえば，1本と2本の直線を呈示し，1本のほうを選択するように教え込む（学習させる）．そして，選択肢の「2本の直線」の間隔を次第に狭め，どこまで狭くすると1本線と区別できなくなるかを調べることで，視力計算ができる．あるいは，円を選ぶように条件付けしたあとで円とさまざまな比率のだ円を呈示して二者択一をさせると，どのくらいのゆがみまでを「円」

図 3.11 弁別実験．写真は条件付け（訓練）の様子．（新江ノ島水族館にて撮影）

と認識するのかを知ることができる（詳細は「5.9 形態の認識」参照）．この実験的分析法では，測定されるものが正解率，頻度，反応時間などの物理量であるので，統計的な解析や数理モデルによる分析が容易である．

（5）客観的な実験を行うために

実験的分析法による実験では，実験方法が最も重要である．すなわち，目的とする事柄だけが調べられる方法になっているかを厳密に検討しなければならない．たとえば，色の認識を調べるとしたら，調べたい色とさまざまな色とを2枚一組で呈示して，その色だけを選べるかという実験をする．このとき，単に一方の色の色相だけをさまざまに変えて弁別させても，得られた結果から色の認識の有無がわかるとはいえない．動物がそれらの比較刺激について，本当にその色合いを弁別したのか，それとも色のくすみ具合（つまり色の明暗）で選んだのかがわからないからである．そのため，色相を変える場合は明度や輝度を厳密に統一させなければならない（具体的には，たとえば同じ明度の灰色の刺激を用意し，それとの弁別をさせる）．また，もしそれを水中で実験する場合には，水中では透明度によってコントラストも変わるので，コントラストを統一させる処方が必要になる．このように，実験

時に変数が複数になってはなにがその結果の直接の要因かが判断できないので，慎重に方法を吟味しなくてはならない．

また，実験的分析法の場合，実験以外の刺激が無意識のうちに手がかりとなってしまうことがある．有名な「ハンスの馬」の例では，ハンスという名前のウマが数を数えたり，ドイツ語の正しいスペルを知っていたりということで一躍有名になった．しかし，実は本当に数を数えたり，単語を知っていたのではなく，ハンスは実験者やその周囲の観衆のわずかな変化を手がかり（ヒントというべきか）として反応をしていたことが明らかとなった．つまり，ヒトがハンスに答えを教えてしまっていたのである．

(6) 実験装置の使用

この「ハンスの馬」の例を教訓として，実験的分析法を用いた実験では，被験体にとって手がかりとなるような要素を排除するための細心の注意が払われている．その1つに実験装置の使用がある．選択すべき刺激をヒト（実験者）が手で呈示すると，どうしても無意識に正解を持つほうの肩が前に出て，正解の刺激を選びやすくしてしまったりすることがある．このような無意識な人為的影響を避けるために，刺激を呈示する装置が用いられる．

陸生動物のうち，京都大学霊長類研究所（愛知県犬山市）のチンパンジーにおける認知実験では液晶の画面やキーボードのようなものに刺激が呈示されたり，あるいは銀行の ATM のように，直接画面に指でタッチして回答するような方法が行われている（松沢，1991 が概説）．また，ハトではくちばしでコンピューター制御されたパネルをつついて応答させる方式を採用している研究が多い．しかし，イルカは水中の動物であり，しかもその水は海水であるので，そのような複雑な電気系統を駆使した呈示装置は使えない．

図 3.12 は私がこれまで実験用に考案，あるいは使用してきた装置の一例である．実験内容ごとはもちろんだが，実験をする水槽ごとにも使う "機種" が異なる．それぞれの状況に応じた装置を考案するのだが，水上呈示型，水中垂下型，壁面密着型などなどさまざまある．中には「装置」と呼べないようなものもあるが，基本的にはヒトが呈示に関与していない点は共通である．

イルカの実験に用いる実験装置を考案するとき，なによりもまず考えなけ

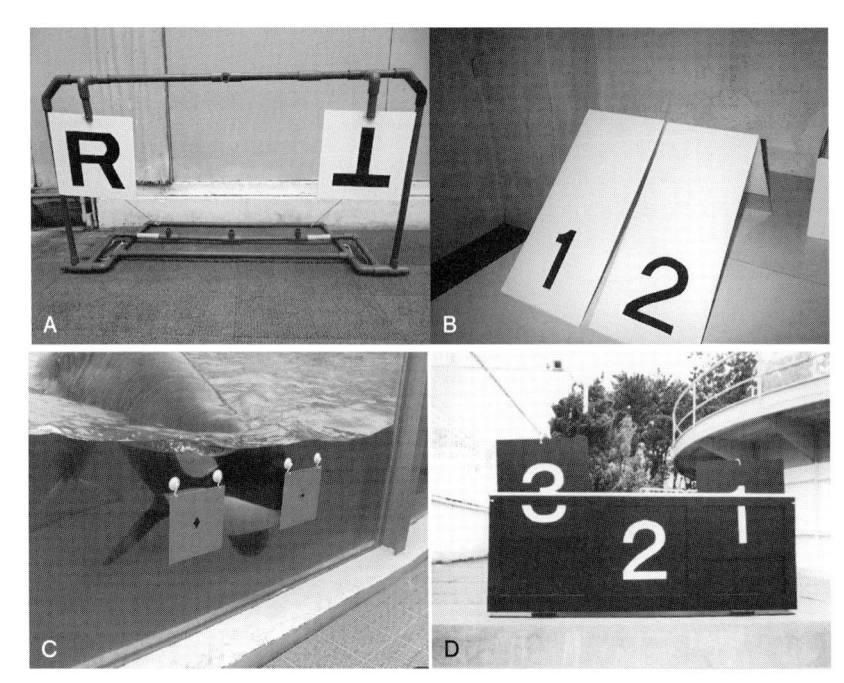

44　第3章　飼育と研究——水族館のイルカたち

図 3.12　実験装置各種．これらは一例であるが，対象個体，飼育状況などに応じて種々に使い分ける．

ればならないのがイルカにとっての安全性である．水族館の水槽の水は循環ろ過方式をとっており，そのため水槽内に水流が生じている．いくらイルカが水中生活が得意とはいっても，水流のある中ではバランスを崩し，（擬人的にいえば）意に反して（穏やかにではあるが）水流に流されていくこともある．そのような不慮・不測の動きをしても体を傷つけることのないような安全な形状，設置方法をとらなければならない．むろん，ヒレが引っかかったり，絡んだりして呼吸のための浮上ができず，イルカが溺れてしまうようなことは絶対にあってはならない．ひもやロープ，あるいは網のようなものは厳重な注意が必要である．また，泳いできて吻先でターゲットなどにタッチするとしても，そのときあの大きな体でターゲットやパネルにどの程度の力がかかるかも考慮する必要がある．泳いできて吻先で突いても，割れたり，欠けたりしない頑丈さが求められる．このようなことを考えると，「安全かつ丈夫」という面から，いきおい木製や塩化ビニール製などの，さびない

えに安価で，しかも丈夫で柔軟な材質が主流になる．

（7）適正な実験装置

目的や方法に応じて実験装置を開発したとしても，必ずしもそれがイルカにとって適切とは限らない．たとえば，図3.12Dは私が刺激呈示用に試作した呈示装置である．窓内に数字や図形の描かれたターゲットを挿入し，イルカにその数字や図形に吻先でタッチさせることをイメージして考案した．しかし，実際にこれを水槽に設置して実験をしたところ，イルカは数字や文字をタッチすることもあるが，窓の周りや窓と窓の中間の枠，装置のへりなどにタッチし，一向に条件付けが進行しなかった．挿入したターゲットを取り出し，それだけを手で持って単独で呈示すると，ちゃんとそれぞれのターゲットに吻タッチするのだが，それを装置に挿入すると，やはり数字・図形にタッチしたり，その周囲の枠にタッチしたりとなる．これはなぜだろう．

明確な理由は不明であるが，各刺激を単独で呈示すると適正に選択ができるのだから，実験（条件付け）の意味や目的はイルカに理解されていると考えてよいだろう．しかしその場合でも，実験者は被験体には「数字」や「図形自体」を呈示したつもりでいても，被験体のイルカにとっては，そういったものが描かれてあるターゲットや挿入された枠などの装置全体を含めたものを呈示刺激と解釈していたのかもしれない．したがって，この装置にターゲットを挿入して二者択一，三者択一の実験を行っても，イルカにしてみたら全体が黒一色で一体化したものと見えてしまうわけなので，どこまでがどちらの刺激かという刺激間の境界の区別も関係なく，イルカは呈示装置全体を刺激ターゲットと考えてタッチしたのかもしれない．

このように呈示装置によっては，実験者側の考えとイルカの解釈とがずれていることもしばしばであり，目的に厳密に応じた装置の考案が大切な要素になる．イルカにはイルカなりの解釈があり，それをわかってやらないと実験も成功しないし，イルカのストレスもたまるばかりである．

（8）実験者自身による誘導

このほかに識別実験のときに回答の手がかりとなるものとして，ヒトの視線がある．2つあるいはたくさんあるもののうちのどちらか（どれか）を選

択するといった識別課題を行ったとき，ヒトは無意識に正解や対象となるもののほうに目をやってしまう習性がある．そのように，ヒトの視線が被験体に回答を誘導することを避けるための方策がいくつか講じられている．たとえば，「実験場所には誰もおらず，合否の判定を遠隔（別室）で行う」「成否の判定と強化をする実験者が，その試行の正解を知らない」「鏡を設置し，被験体の行動を鏡を介して判定する（実験者の顔の向きを悟らせない効果がある）」……などである．上述した京都大学霊長類研究所のチンパンジーの実験では，被験体がコンピューターの前に位置し，課題の呈示，回答，強化まで，すべてがコンピューターによって管理・実行されていることで知られる．実験者はそれを離れたところで監督しているだけである．またハトでも，実験箱のような中でコンピューター制御された画面の前で試行の一切を行っている．これらの方法は試行中にヒトがまったく実験に関与しないので，たいへん理想的な方法である．

　イルカの場合には実験場所が水際であることや，相手はあくまでも野生動物で，かつ巨大であるので，動物から目を離すことがたいへん危険であるといった制約がある．そのため必ずしも陸生動物と同じ方法を用いることはできない．いきおい実験者が被験体の目の前で指示を出さざるをえない．イルカはヒトが指でさした方向にあるものについては一定の理解ができるが（「7.7　他者の心を理解する」参照），ヒトの視線を認識し，それに応じて行動が誘導されるかどうかまでは，まだ確たる検証がされていない．しかし，パフォーマンスのときトレーナーとの微妙なアイコンタクトのずれがイルカの行動に影響することがある．それだけイルカもヒトの目線に注意をしているのかもしれない．よって実験中も，万一，視線による誘導があってはいけないので，現在一般的に行われているのはゴーグルの着用である（図3.13）．これによって実験者が目で対象を追っているのを被験体が認識することを大幅に軽減できる．

　なお，このほかに私の実験では複数の実験者が交代で行ったり，記録者が実験者の動作に不自然な行為（正解のときだけホイッスルが早いとか，正解のターゲットのほうに餌のバケツがある……等々）がないかを常に注意させておくといった措置もとっている．

図 3.13 実験者の視線を隠すための
ゴーグル着用．

（9）研究をするのは誰か

　さて，ここまでイルカを対象とした認知研究のやり方についてざっと概観してきたが，最後に一番肝心な話題を1つ挙げておきたい．それは「いったい研究をするのは誰か」ということ．

　少し乱暴な言い方をすれば，水族館にとっては，研究者がどんな立派な研究を持ち込んできても，そのことによって翌日からお客さんが倍増するわけでも，また，自分たちの給料が上がるわけでもない．確かに水族館は高度な飼育技術を持ってイルカの飼育や訓練をしている．しかし，そこは決して研究機関でも教育機関でもない．つまり，研究者が持ち込んでくる実験や研究は彼らの仕事を増やす以外のなにものでもない．このことは水族館に研究をお願いする場合に，まず，きちんと自覚しておく必要がある．

　学生時代から水族館で実験をしていた私は，何週間も水族館に泊まり込みで実験を行った（中途採用の職員と間違われたほどである）．もちろん，実験では実際に動物を動かすのは水族館の飼育職員（トレーナー）であるが，私は常にその傍らにいて，実験の準備，片付けはもちろん，方法の指示や動物の細かい行動の観察を行った．自分の研究なのだから，自分がそばにいる

のはあたりまえであろう．また，実験以外の時間は水族館の業務を手伝うことも大切な「共同研究」の1つである．学生であろうと職員と同じ勤務体制で出勤し，バケツ洗いや餌の準備といった作業をし，その合間に実験をする．そもそも認知実験では，1回の実験はわずかな時間で終わってしまうので，1日の圧倒的多数の時間はそういった作業である．しかし，それを通して被験体の個性や体調を知り，飼育職員とのコミュニケーションや信頼関係が築かれていく（また，わずかではあるが，トレーナーの方々の負担を減らすことにもなるかもしれない）．私は，職を得た今でもその姿勢は変わらず，実験のときには自分自身や学生が張りつき，常に水族館と二人三脚で研究をしている（図3.5には作業服姿の私も写っている）．

「共同研究」という名のもとに，研究者はたまにやってきて，その概要や意義の高説を唱えるだけで，肝心の訓練や実験といった肉体労働は水族館にお任せ……ということがあってはならない．「飼育係は単なるサンプラー（ここでは実験遂行者）ではない」というのは，おそらく多くの水族館人の意識である．

3.2　学習と訓練

認知について研究する方法の中で，動物本来の潜在的な認知の構造を知るには"実験"的な手法をとることが適していることは，すでに述べた．動物の見せる知的と思える行動について，その本質は実験的に検証することで理解や実証ができるからである．これまでイルカにおいても，そのような意図のもとで数多くの実験が行われている．そこでここでは，「実験的分析法」に焦点を当て，その原理や研究の進め方について簡単に見ていきたい．

なお，本書は心理学の教科書や実験の手引書ではないので，あくまでもイルカの実験を想定して，これ以降に本書を読み進めるのに支障のない程度に概観と解説をするにとどめる．

（1）オペラント条件付け

イルカの訓練はオペラント条件付けを基本として行われる．オペラント条件付けでは，動物がなにか行動（反応）すると，それに結果が伴っており，

動物の行動はその結果によって影響を受けるという原理を用いている．具体的には，動物が目的とする行動を自発的に行ったとき，それを強化すると，もう一度同じ行動を起こしやすくなるということである．もちろん，動物がはじめからこちらの目的とする行動をしてくれるわけではないので，偶然，あるいは試行錯誤でその行動が生じたときにそれを強化することで，その行動が頻発するようになる．ちなみにイルカの訓練では強化子はサカナの小片などの食物がほとんどであるが，それにホイッスル（犬笛とか，体育の時間に使われるような笛など）やクリッカー（図 1.1）などが 2 次強化子として併用されている．

では，実際にイルカに複雑な行動を学習させたいときにはどうしたらよいだろう．

イルカは，本来，野生動物である．海にいれば「図形を選ぶ」とか「音に応じてなにかする」などということはまったくしない（そうする機会も，そうする必要もない）．したがって，そういう動物に「なにかにタッチさせる」「なにかを選ばせる」といった行為はかなり不自然だし，高度な行動となる．なにかのはずみでイルカが最初からそのような高度な行動をしてくれればたいへん助かるのだが，ふつうはそうはならない．そこで，そのような複雑な行動を学習させるための行動形成法の 1 つに「逐次接近法」と呼ばれる方法がある．すなわち，はじめは単純な行動を学習させ，課題の難易度や内容を徐々に（段階的に）変えていくことで次第に目的とする行動に近づけていくやり方である．こうして種々の高度な種目ができるようにさせていく．水族館でイルカに高いジャンプをさせるのもこの方法が用いられる．はじめは偶然に「跳ねた」程度のことで強化し，次第に強化をする高さを上げていくことにより，最後には何 m も高いジャンプをさせることができるようになる．

イルカにおけるさまざまな認知実験においても，条件付けやテスト試行は基本的にこの方法で行われている．たとえば，バンドウイルカではこの方法によって，コンピューターから発せられる人工音を模倣させることに成功している（Richards *et al*., 1984）．はじめは単にスピーカーから出た音に鳴き返す程度で強化することから始め，逐次接近法によって，最終的にスピーカーからの音と同じ音で鳴く，つまり模倣することができるようになったのである．

（2）褒めて伸ばす——「賞」による強化

オペラント条件付けでは，求められている反応や選択といったことを動物がすると報酬が与えられ，その行動が強化される．一般に，強化子には「正の強化子」と「負の強化子」とがある．正の強化子とは，それを与えることで行動の頻度が増加するようなもののことである．イルカの実験（訓練）における正の強化子は餌（サカナの切り身）である．たとえば，2枚の図形が呈示され，学習させたいほうの図形を選択したときにサカナの切り身が与えられると，次もその図形を選ぶようになる．ただ，チンパンジーなどの霊長類ではスキンシップが強化子となることもあるので（松沢，1991），イルカの訓練でも「頭をなでる」「口をなでる」といったことが強化子と考えられて実践されている光景を目にすることがある．しかし，イルカの場合は，本来，そういった接触性の刺激がどの程度感覚されているのかわかっていないので，そのようなスキンシップ的な行為の強化子としての効果ははっきりしていない（むしろ，不用意に頭をなでてやろうとすると，逆にこちらが威嚇されることもある）．

なお，飼育動物の場合，一般に1日の給餌量はその動物の体重をもとにして算出された必要なエネルギー量から決められている（日本動物園水族館協会，1995）．その量を，通常の給餌，パフォーマンスの際の報酬，そして実験用と分けて与えることになる．したがって，実験だからといって何十回も試行できるわけではない．実験をするときには強化子となる餌の量もある程度考えた計画の立案が必要になる．

強化子には「負の強化子」もある．これは，それが取り除かれると反応が増加するようなものである．一般には，電気ショックのように，動物にとっては不快なものである．正の強化子を与えることを「賞」と考えるのに対して，正の強化子を除去したり負の強化子を与えることを「罰」という．しかし，イルカを訓練する場合は，たとえ実験者が望まない行動や誤った行動をしたとしても，決して「罰」は行わない．「賞」のみで訓練を進める．認知の実験も同じ．ひたすらイルカを「褒める」ことだけで，非常に複雑な学習をさせたり，さまざまな行動を起こさせているのである．

（3）見本合わせ

オペラント条件付けを原理として特定の事象を学習させるにはいろいろなやり方があるが，その課題の一つに「見本合わせ」（Matching To Sample；MTS）がある．これは，まず「見本」となる刺激を被験体に呈示し，次に選択肢としていくつかの刺激（これを「比較刺激」という）を呈示する．被験体は，先に示した見本と対応する比較刺激を選択すれば正解となり，報酬（強化子）が与えられ，その行動が強化される．たとえば，先に紹介した視力の測定実験で，まず「1本線」を見本として見せ，次に比較刺激として1本線と2本線を呈示し，どちらかを選ばせる（図3.14A）．このとき，見本が「1本線」なのだから，選択肢の中で1本線を選べば正解となり，報酬が与えられ，被験体は次も「1本線」を選ぼうとする．つまり，その行動が強化されたことになる．

これはいいかえれば「見本と同じものを選ぶ」という試行であり，見本と比較刺激の特性が同じもの，つまり，見本と姿・形が同じものが比較刺激の中にあるので，それを選べばよい（図3.14B）．

これに対して，見本と比較刺激の特性が異なる場合もある．「象徴見本合わせ」と呼ばれるが，たとえば「見本が音で，比較刺激が図形」とか「見本が歯ブラシで，比較刺激が数字（図形）」などといったものである（図3.15）．見本とは形も特徴も異なる比較刺激を選ぶわけで，見本とその刺激の間に一定の対応関係を構築しなければならない．見本が比較刺激の象徴的な意味を持つわけである．本書の「第8章　言語——イルカに『ことば』を教える」ではこの象徴見本合わせが用いられ，種々の事象にラベリングがされて，言語能力が検証されている．

このようにして見本に対して適切な比較刺激を選択することを理解したあと，つまり，見本と比較刺激の対応関係を学習したあとで，条件付けの図形とは特性を種々に変えた見本や比較刺激を呈示し，その選択した結果から認識するときの機序を調べていく．たとえば，見本刺激を呈示後に比較刺激を呈示するまでの時間をさまざまにあけること（遅延見本合わせ．「6.1　記憶」参照）で，どの程度見本を覚えていられるかといった記憶が保持される時間を測定できる．また，その間に音を流したり，実験室の照明を急に落と

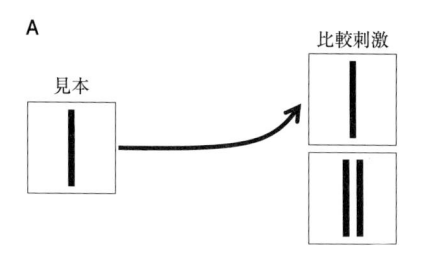

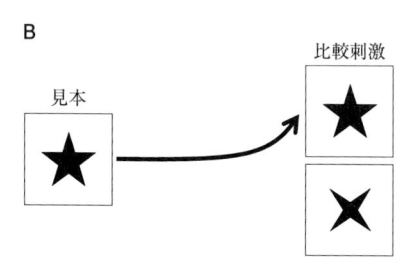

図 3.14 見本合わせ実験（模式図）．数（A）や形（B）などが違っても，見本と同じものを選ぶように強化する．

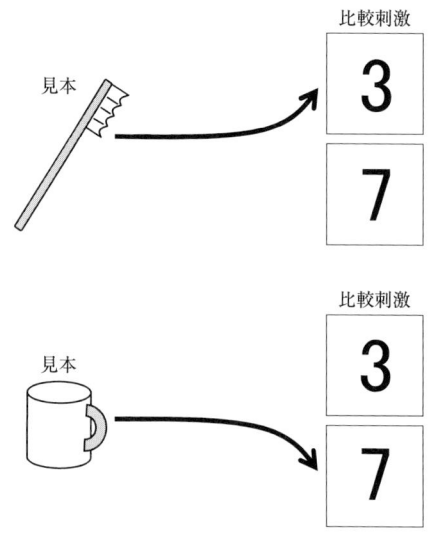

図 3.15 象徴見本合わせ（模式図）．見本に対応する刺激を選択させる．比較刺激は同じでも，見本によって，強化される刺激（正解）が異なることになる．

したりなどの刺激を加えることで比較刺激の正解率がどう変わるかを調べ，記憶の消滅や変更について検証することもできる．

（4）はたして間違いか――イルカなりの解決法

研究者というものは，苦心して考えた実験方法に対して動物が思い描いたとおりの行動をしてくれることを望むし，また，そうなることを予測して実験方法を立案する．

たとえば特定の図形を覚えさせようとするとき，2枚の図形を呈示し，二者択一の訓練をする．被験体が描かれた図形のうち正解の図形を選択すれば，そこでその選択を強化する．そしてその図形が左右あるいは上下などの位置や順番などをさまざまに変えて呈示されても，常にその図形だけを選択してくれるまで訓練を行う……という実験計画を立てる．

さて，そのような意識のもとに念入りに考えて計画された方法によって，いざ実験してみる．すると，確かにたいていの場合は被験体は予想どおりに行動してくれるし，順調に条件付けができあがっていく．しかし，実はそうでないときも多い．また，ときとしてまったく思いがけない行動をとることもある．

たとえば「1本線を選ぶ」ことを学習させたいとする．まず「1本線」が描かれたターゲットを右側，「2本線」のものを左側に配置し，2枚一組で呈示する．そこで被験体が右側の「1本線」を選べば強化する．次に，左右を入れ替え，今度は「1本線」を左側に呈示する．そしてこれも正解すれば強化する．左右の位置の回数は適宜決めていく．そうしてこれを繰り返していけば，やがて左右どちらにあっても「1本線」を選ぶようになるはず……と想像する．

そこで実際にやってみた．

最初，被験体は右側（「1本線」）を選んだ．そこで次に1本線と2本線の左右を入れ替えて呈示すると，被験体はもと「1本線」のあったほうである右側のターゲット（2本線が描かれてある）にタッチした．描かれた図形ではなく，ターゲットの位置で記憶していたためである．しかし，もう一度同じ配置のまま試行をすると，今度はちゃんと左側（1本線のターゲット）にタッチする．そしてその次からはちゃんと左側の1本線を選んだ．そこでま

た1本と2本の左右を入れ替えてみる……これを繰り返せば，イルカはやがてなぜ間違えたのか，その「違い」に気づくようになり，その結果，正解の位置（左右）に関係なく，「1本線」を覚えてくれるはず……であった．ところが，実際にやってみると，いつまでたっても同じ失敗のパターン，つまり入れ替えた直後は間違えるが，次の試行からは正解のほうを選ぶという行為の繰り返しが続くことも少なくない．なぜだろう．

　イルカにしてみたら，いつものとおり水槽の中を気ままに泳いでいたところに，突然，なにか図形のようなものが呈示されてきた．それはイルカにとっては見たこともないものであるので，当然，それに対してなにをしたらよいのかもわからない．ただ，それまでの経験で，ひょっとしたら「なにかを選択しなければならないのかな」といったことは理解しているかもしれない．もしそうなら「ではなにを選択すればよいのか」と考えるはずだ．あえて擬人的な言い方をすれば，イルカも（おそらく）必死である．突然目の前に出てきた「1本線」「2本線」を前に，これまでの経験を総動員して，なんとかしてこの課題をクリアしようと考え，思いつく限りのいろいろな基準で判断しようとするかもしれない．そしてその結果が上記のような反応行動になった．そう考えてみると，そもそも被験体が見せたこのような行動は，はたして「間違い」と解釈してよいのだろうか．確かに，被験体は刺激の左右の位置が入れ替わったところで，選ぶべき選択肢の違いに気づかなかった．しかし，これを「被験体が理解できなかった」と評価するのは必ずしも妥当ではない．なぜなら，それはそれで"イルカなりの解決法"だからである．つまり，このときのイルカは1本と2本の「違いに気づく」ことよりも，「間違えたら，次のときはもう一方のほうを選ぶ」ということを学習したのかもしれない．だから，図形の左右を入れ替えた直後は不正解でも，その次の試行では正解のほうを選んだのであろう．それがたまたまその判断の基準が実験者の考えや思惑と合わなかったにすぎなかっただけなのである．決して「間違った」わけではない．

　このように，認知の実験においては，そもそもが，見えない「心」の中をこちらの思惑に応じて誘導していくものであるから，実験者側だけがこれでよいと感じていることも多い．そこがこの分野の難しいところであり，またそこに論理的な洞察を重ねて挑んでいくのが，この分野のやりがいのあると

（5）条件付けの評価

　どんな課題でも，訓練を開始するとさまざまな反応が見られる．たとえば二者択一の場合，むろん，はじめのうちは被験体はそのつどあてずっぽうにどちらの比較刺激にもタッチをしてくる．しかし，それが強化によって順調に学習が進むと，次第に間違いが減り，特定の刺激だけを選択するようになってくる．

　しかし，イルカはある意味，たいへん知的な動物であるので，正解しようがしまいが，同じ内容のこと（試行）ばかり何度も続けていると，（擬人的な表現を使えば）「飽きてしまう」こともしばしばである．それは「試行と試行の間にフラフラ動きまわる」「見本を呈示されても落ち着きがなく，見本を見ようともしない」「選択肢の前にいくまで，寄り道や他個体にちょっかいを出す」などの不安定な行動になって現れる．そういう行動が出たら実験の精度にも問題が生じる（換言すれば，選択の行動が不確かになる）ので，その回の実験はそこで終了しなければならない．

　また，選択する行動自体は迅速で，特に問題はないのに，特定の選択肢だけに反応が固執することもある．たとえば，選ばせたい図形が左右のどちらに呈示されてもずっと左だけ選ぶといったように，常に一方の位置のターゲットだけに固執して選択するという行動である．これは位置偏好と呼ばれる．正解（選ばせたい図形）の位置はランダムに決められるので，イルカが「いつかは正解に当たるだろう」とばかりに確率を"計算"しての行為ならばむしろスーパードルフィンなのだが，そういった判断をしている様子もなく，ひたすら一方だけに固執しているだけに見える．私の経験では，極端な場合にはセッションをまたいで数十試行にわたり，一方の位置だけを選ぶこともあった．当然，その間はまったく餌（強化子）が得られないので，そこまでして一方に固執するからには，イルカによほどの理由かなにか別の基準でもあるのだろうといぶかしまざるをえない．いずれにせよその原因は不明であるが，位置偏好は課題が複雑で被験体が混乱しているときによく起きる行動である．位置偏好が起きたときには，課題の難易度を下げる，一定時間タイムアウト（呈示物や実験装置，実験者などを消したり，実験場所から遠く離

れたりして，イルカをなにもせずに自由に泳がせる時間をとること）をとる……といった措置を施す．ただし，こうなることはイルカだけに原因があるとは限らない．実験のやり方や計画にも問題があるかもしれないことは頭に入れておかねばならない．

　さて，そのように訓練を行って，「条件付け完了」とする基準はどう設定したらよいだろうか．基本的には統計的な考えを導入する．私は二者択一の場合には二項検定によってその基準を決めている．すなわち，試行回数に対して有意に選択しているといえる確率を求め，その確率を十分に上回っている値を条件付け達成の基準としている．たとえば30試行の試行回数では，二項検定の結果20試行（正解率67%）が有意に選択している回数になるので，それをさらに大きく上回る80%あたりをまず基準に考える．さらに，その基準値を超えた正解率が2セッションあるいは3セッション連続した場合を，条件付け完了の数値上の基準と定めている．このとき，「正解率」とか「成功率」といった数値がその指標になるが，実際には，二者択一をさせたときは正解の図形が左右それぞれにあったときのいずれの正解率（成功率）もがその基準を上回ることを条件としている．もしもそのセッション全体の「平均値」を指標とすると，たとえば位置偏向が起きている場合には，一方の位置に正解がある場合の正解率が常に100%で，もう一方の側にある場合には60%などといった低値になる．しかし，それらを平均すると80%となってしまい，決して低い数値にならず，むしろ「有意な」選択となってしまうこともある．こうなると動物の反応や理解度が隠されてしまう．したがって，平均値ではなく，「両者それぞれの数値」を評価の対象とするのである．

　もちろん数値だけでなく，実験時の行動もよく観察しないといけない．よく考えているときは被験体の行動には安定感があるが，あまり理解していないときには上述したような不安定な行動が見られる．こうした明らかに集中力が欠如している場合などは，たとえ数値が基準を上回っていたとしても，「及第」すなわち条件付けが完了したとは見なさない．選択肢が多いとき，たとえば三者択一の場合にはチャンスレベル自体が33%と低いので，それを考慮した値で考える．

第4章　環境エンリッチメント
―― よりよく実験をするために

　さて，イルカの認知を研究するうえでは，いうまでもなく主役は飼育されているイルカであり，なにより大切な存在である．認知の実験には多くの訓練（条件付け）やテストの試行が必要なため，1つの結果を得るまでに長い期間（時間）がかかる．動物もたいへんだろうが，少なくとも動物には健康でいてほしい．あえて擬人的な言い方をすれば，情緒が不安定な被験体では適正・正確な結果は得られない．正しい結果を得るためには被験体は精神的あるいは心理的に安定した状態であることが望まれる．もちろん，こうした研究のためばかりでなく，イルカにはいつも，そしていつまでも元気でいてほしいのはいうまでもない．

4.1　環境エンリッチメントとは

　近年，動物園では「生態展示」「行動展示」として，野生動物の本来の行動を展示しようとする試みが随所で見られるようになった．人工的な環境で飼育しているのだから，動物を動物らしく飼い，その動物に動物本来の動きや生態を起こさせる（生じさせる，実行させる）ことは，動物自身にとってはもちろん，それを見てさまざまなことを学ぶ観客にとっても大切なことである．そういった，動物を適正な状態に保とうとする考え方が，いわば「環境エンリッチメント」であり，それによって動物の示すさまざまな行動を展示として実践したものが「生態展示」「行動展示」ということである．そしてもちろん，こうした飼育動物を少しでも安楽に飼育しようとする想いは水族館でも同じである．

　そこでイルカの感覚や認知の研究について紹介する前に，その主役たちを

適正に飼育する努力や方策,すなわち「環境エンリッチメント」について触れておきたい.

「環境エンリッチメント」は「動物の福祉」の考え方にもとづいた方策の1つである.

ヒトが生きていくためにはヒト以外の生命を犠牲にせざるをえないことは認めつつも,その動物が受ける痛みや苦しみは最小限に抑えなければならないというのが「動物の福祉」の立場である.そしてその考え方にもとづいて,ヒトに利用・飼育される動物の側の立場に立ち,彼らの心理的に幸福な暮らしを実現してやるための具体的な方策が「環境エンリッチメント」である.

従来,動物を飼育していくうえで重視されていたのが「繁殖の成功」と「病気の回避」であった.そのため,衛生的な面を考慮するあまり,飼育施設は掃除のしやすいものとなっていた.そこには土や植物といった余分なもの・非衛生的なものは一切なく,ただ檻の鉄格子とコンクリートの壁だけからなる単調なつくりであった.そのため動物に常同行動や自傷行為といった異常行動が出ることも少なくなかった.そういう背景で注目されてきたのが環境エンリッチメントである.もちろん,今でも「繁殖」と「健康」は水族館や動物園にとって重要な命題であることに違いはないが,水族館や動物園の長い努力によって飼育技術や健康管理の技術が格段に進歩し,これらの問題も飛躍的に改善された.そうした結果,やがて飼育動物の「こころ」の問題に目が向けられるようなったことが,今日,環境エンリッチメントの考え方につながっている.

環境エンリッチメントでは,飼育動物のさまざまな苦痛を最小限に抑え,また,飼育環境に工夫を加えることによって多彩な環境を実現し,飼育動物に肉体的・精神的に安定した生活を与えようとする.もちろん,その動物の生息していた環境をそのまま再現できることが理想ではあるが,たとえば海から遠く離れた地で海の中そっくりの地形をつくりあげることには限界があるし,そういった環境を構築するには経済的な面での問題もある.しかし,たとえまったく同じ環境を準備できなくとも,それぞれの動物にとって本来の生息環境と同じ要素や機能,特性が再現できれば,代用品でも環境エンリッチメントの素材として十分活用することができる.

4.2　水族館における環境エンリッチメントの試み

　水族館における環境エンリッチメントは，陸上動物におけるそれと比べて，格段に難しい面がある．しかし，実をいうと，飼育下に野生下と同じ機能を持つ環境を再現させる試み，すなわち，現在，多くの動物園が実践し始めているさまざまな環境エンリッチメントの試みの中には，水族館ではすでに以前から実施されているものが少なくない．たとえば実際の海底の地形を模した擬岩をつくったり，あいている時間にボールやホースなどの遊び道具を投入したりといったことは，どこでもやっている．そういった試みの中で最も水族館らしいものが，多くの水族館が導入している「公開展示」（パフォーマンス）である（図4.1）．これは一般に「ショー」と呼ばれるものであるが，そこには，イルカがくぐり抜けられる大きさの輪や空高く設置されたボールなど，さまざまな道具が準備されるほか，ときには水中ショーとしてダイバーとやりとりすることもある．そして，イルカがトレーナーの指示に応

図4.1　水族館の公開展示（パフォーマンス）．（鴨川シーワールドにて撮影）

じて一定の行動をすると報酬としての餌（サカナの切り身が一般的）が与えられる．そこではイルカたちは積極的かつ意欲的に行動をしている（「はしゃいでいる」に近いかもしれない）．

こういうイルカの様子について「イルカは餌がほしくて"芸"をしているんでしょ？」「イルカに無理やり"芸"をさせて……」という非難を受けることもしばしばである．しかし，そこには大きな誤解や見解の相違がある．その証拠に，後述するように（「第8章　言語——イルカに『ことば』を教える」参照），私の実験ではイルカが実験者に指示されたとおりの行動を実践してもなんの報酬（餌）も与えていないのに，被験体のイルカは嬉々として次々と何試行も実験をしてくれる．あたかも次の試行を催促しているかのようである．イルカが「実験を面白がっている」……かどうかはわからないが，少なくとも餌がほしくてやっているわけではないことはよくわかる．

さて，環境エンリッチメントにはさまざまなやり方があるが（松沢, 1996, 1999），私は水族館のイルカの飼育におけるエンリッチメントに関する基礎的な研究を行った．ただし，それは「環境エンリッチメント」そのものの研究やエンリッチメントを行うための研究ではない．そもそもエンリッチメントのための研究というものは定義がしにくいものであり，私が目指しているのは，あくまでも動物の行動特性の解析——「これをしたら，動物はどう行動するか」という，刺激に対する動物の反応行動を解析する研究である．そうして得られた結果（示された動物の行動）が動物にとってどう作用しているのかを評価するのがエンリッチメントになる．「イルカのいる水槽にボールを入れたら，取り合いになった」という行動観察の解釈として，「ボールを入れる」という行為が積極的にイルカの行動のレパートリーを増やすのに効果的という解釈ができ，それが「エンリッチメントになった」と評価できるわけである．

4.3　環境エンリッチメントの実験的試み——遊び

動物園や水族館に遊びにいくと，動物がタイヤや塩化ビニール製の輪，ボールなどで遊んでいるのを目にすることが多い．そういった「道具」を檻や水槽の中に入れて，それで動物を遊ばせることにより，動物の行動パターン

を増やし，環境エンリッチメントの向上を図ろうとするものである．確かに，そこになにもなければなにもすることができない．しかし，1つでも道具があれば，それをかんだり，くぐったり，あるいは放り投げたりして遊ぶことができる．そうすることで動物もさまざまに動きまわることができ，行動パターンが増えるわけである．

では，動物にこうした道具を与えることの効果はどのくらいあるのだろうか．

私は，道具に対するイルカの反応についての基本的な特性を知るため，水族館でイルカのいる水槽に道具を入れ，それに対する行動を検証した（向井・大山，2003；阿部・肥後，2005；鈴木，2006）．はたして彼らは道具で，どのように「遊ぶ」のだろうか．

実験した場所は八景島シーパラダイス（神奈川県横浜市），新江ノ島水族館（神奈川県藤沢市），マリンピア松島水族館（宮城県松島町）などである．実験に用いた被験体はバンドウイルカ，コビレゴンドウ，イロワケイルカで，用いた道具は塩化ビニール製の四角形（図4.2A），輪（図4.2B），浮き（図4.2C），浮き＋ロープ（浮きにロープを結びつけたもの，図4.2D），「擬似ワカメ」（ホースを工夫して，ワカメのような海藻に似せたもの，図3.10），一斗缶（図4.2E），ボールなどである．実験はいくつかの水族館に分かれて行ったが，上記の道具をそれぞれの水族館のイルカのいる水槽に投入し，それに対するイルカの接触時間や接触頻度など，種々の反応を観察した．

その結果，まず，道具を入れてやると，どのイルカも，みんな喜んでずっと遊びまわる……というわけではないことがわかった．たとえば，図4.3はバンドウイルカとイロワケイルカに道具を与えたときの接触時間（これを遊んでいる時間と定義）の割合である．いずれの種でも，道具を入れても，むしろ遊ばない時間のほうが多く，さっきまでさかんに遊んでいたのに，あるときからまったく無関心になることもあり，これは「飽き」や「慣れ」のようなことが起きたものと考えられる．

さらに細かく見ていくと，道具に対する接触の仕方や時間配分などが一様ではなく，道具に対する嗜好に差があったり（図4.4），個体差や親子差（図4.5）も見られるなど，投入の効果は複雑であることがわかる．ちなみに投入道具の「擬似ワカメ」は第3章でも紹介したが，野生のイルカが海藻

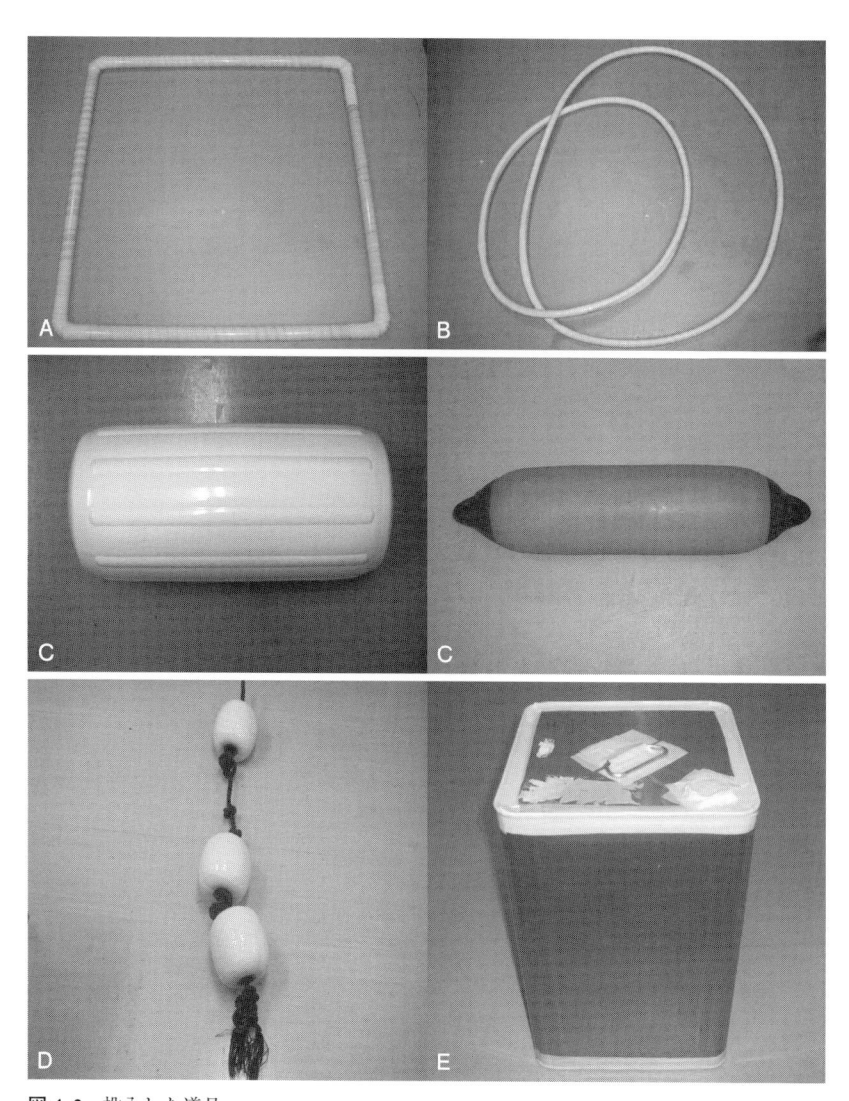

図 4.2 投入した道具.
A：四角形，B：輪，C：浮き，D：浮き＋ロープ，E：一斗缶．一斗缶は被験体が初めて見る道具として投入した．

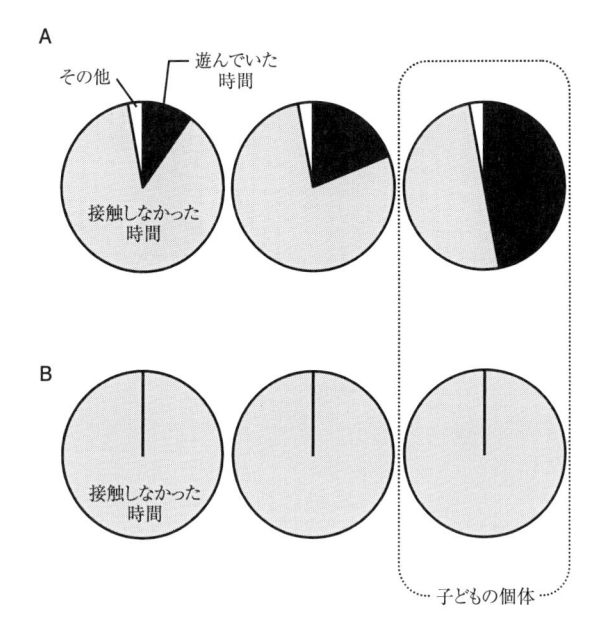

図 4.3 バンドウイルカとイロワケイルカにおける道具で遊んでいる時間の割合．A：バンドウイルカ（向井・大山，2003 より改変），B：イロワケイルカ（鈴木，2006 より改変）．

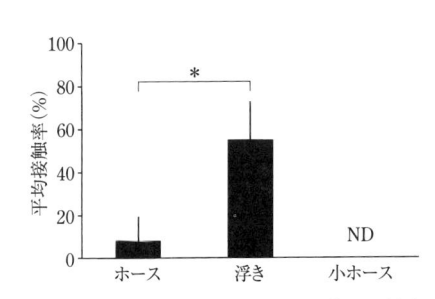

図 4.4 コビレゴンドウにおける道具に対する嗜好性．道具によって接触している時間の割合が顕著に異なる（「小ホース」は「ホース」よりも直径の小さな円）．縦棒は標準偏差を示す（以下同じ）．*：$p<0.05$，二項検定．（阿部・肥後，2005 より改変）

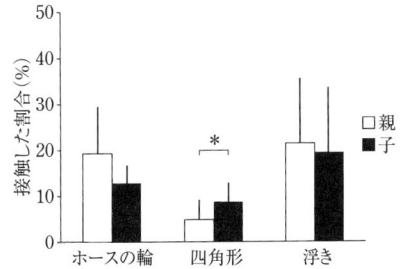

図 4.5 バンドウイルカにおける道具に対する親と子の反応の割合．道具によって，親が好むもの，子どもが好むもの，両方のものとがある．*：$p<0.05$，二項検定．（阿部・肥後，2005 より改変）

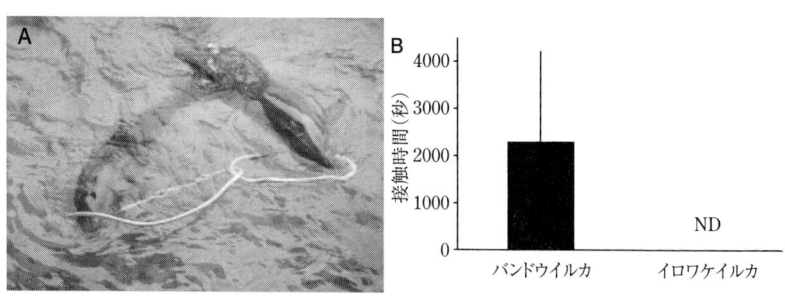

図4.6 ホースに対する反応．A：ホースで遊ぶバンドウイルカ（八景島シーパラダイスにて撮影）（向井・大山，2003），B：バンドウイルカとイロワケイルカのホースに対する反応時間の比較（向井・大山，2003；鈴木，2006）．

で遊んでいるのを目撃されることがあるので，そこで海藻類に似せてつくったものである．それをプールに入れてみたが，イルカはまったく触ろうともしなかった．偽物であることはすぐにわかっただろうから，やはり「本物志向」が強いのだろうか．さらに，同じ道具を与えても，ある園館のイルカはよく遊んだのに，ある水族館のイルカは見向きもしないなど，園館差（とでもいおうか）が見られた．たとえば，ホースを組み合わせてつくった「輪」（図4.2B）では，ある園館では実に楽しそうに遊んでいるのだが（図4.6A），別の水族館ではつついて様子をみる程度（図4.6B，バンドウイルカとイロワケイルカでは実験した園館も異なる）．おそらく，飼育の履歴や飼育状況による違いなのだろう．

　また，ふだんから見慣れた道具を与えると，いろいろちょっかいを出したり離さなくなったりするのだが，実験のために作製したもの，つまり被験体が初めて見る物体に対してはほとんど反応がなかった．見慣れないものに対しては警戒しているのだろう．しかし，別の園館での実験ではまったく逆だった．初めて見たものに対しても果敢に飛びついて，遊んでいるイルカがいた（図4.7）．やはり簡単にはいかない．

図 4.7 初めて見る一斗缶で遊ぶバンドウイルカ．（新江ノ島水族館にて撮影）

4.4 環境エンリッチメントの実験的試み ——摂餌に対する負荷

野生のイルカは餌を求めて四六時中泳ぎまわっている．つまり探餌に自分の行動のかなりの時間と労力を割いている．一方，飼育下では「給餌」ということばが示すように，一定の時間に決まった場所で餌が与えられるので，自分から餌を探したり，逃げまわる餌をやっとの思いで捕まえるなどという機会はほとんどない．そう考えると，「苦労して餌をとる」ことは野生の状況を反映している事象であり，飼育下のイルカにそういうことを課すことは野生の状態に近づける一歩と考えることができる．

そこで，私は「採食」に焦点を当て，摂餌に若干の負荷をかけるという実験的な検証を試みた（千田，2005）．実験場所は南知多ビーチランド（愛知県美浜町）で，バンドウイルカが対象である．イルカに「餌が見えているのに，すぐにはとれない」という状況を設定し，それぞれにおけるイルカの反応を観察した．こうして，簡単には餌を獲得できない状況を設定することは，摂餌に必要な時間を延ばし，飼育下の動物に多様な刺激を与えることになる．

（1）氷の餌

　夏になると，水族館や動物園で氷の中に餌を封じ込めて動物に与えている光景をよく目にする．暑いので，動物に涼をとらせながら，氷で遊ばせつつ，餌も食べさせるという趣向である．このような氷詰めの餌は動物にとってどんな効果があるのだろうか．そこで私は，餌を氷詰めにし，条件を変えてイルカに与える実験を行った．

　餌を氷の中に封じ込めて投与し，それにイルカがどう反応するかを観察した．氷の中に入れるサカナの数は0尾（つまり，サカナなし），1尾，3尾である．実験は「サカナなしの氷」と「サカナありの氷」（図4.8）を同時に入れて，各個体の氷詰めに対する接触時間の計測と行動観察を行った．イルカにとっては，餌は見えているが，氷が溶けるまでそれを食べることができない状況になる．

　被験体はバンドウイルカ5個体で，接触時間すなわち氷を投入してから氷が溶けて肉眼で見えなくなるまでの間にイルカが氷に接触した時間を測定した．その結果を図4.9に示す．まず，氷の中のサカナの有無にかかわらず，氷に接触する個体と接触しない個体があることがわかる．しかも，接触する個体は顕著に接触している（図4.10）．また，そのような接触している個体についても，一方（ミント）はサカナがある氷に接触している時間が長く，他方（プリン）は，逆に，サカナのない氷によく触れている．

　氷に対してはさまざまな行動が見られたが，そのうち特に顕著だったのは，氷に水を吹きかけたり，吻でつついたり氷から顔を出した餌をくわえかけたりなどの行動であった．これらの行動の頻度を調べてみると，プリンという個体は，サカナなしの氷にはもちろんであるが，サカナの入った氷にも頻度が多くなっている．一方，ミントは「サカナなし」に対してはたいした行動も示さないが，「サカナあり」には集中的にこれらの行動を頻発している（図4.11）．

　さて，これらの結果はどんな意義があるのだろうか．

　今回，摂餌の負荷として，「見えているけれど，とりにくい」という状況をつくって行動を観察したが，まず，水槽にふだんの生活にはない「氷」が投入されても，たとえそこに餌が見えていようがいまいが，氷に関心を示す

4.4 環境エンリッチメントの実験的試み——摂餌に対する負荷　67

図4.8 投入した氷．A：餌の入っていない氷，B：餌が1尾または3尾入った氷．

個体とまったく関心のない個体とがあった．また，関心を持った個体でも，餌があるほうに関心を持つ個体と，餌があるほうにもないほうにも関心を持つものとがあり，中には，むしろ餌がないほうを好む場合も見られた．このことは，氷を「摂餌の対象」としてとらえる個体と，おそらく「遊びの対象」としてとらえている個体があったことを示唆している．

　餌の見える氷に関心を示した個体は，氷が溶けるまでの間の時間は餌に執着してさかんに氷に行動をしかけていたので，摂餌時間の伸長という効果が

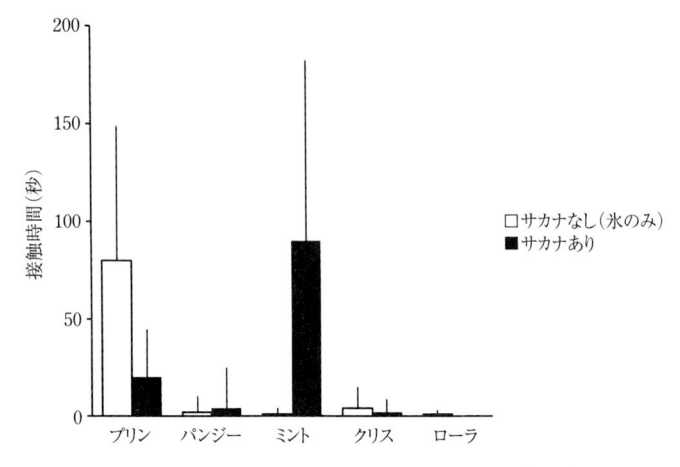

図 4.9 氷詰め実験(サカナなしとサカナありの氷を投与)の接触時間の結果.横軸は個体名.(千田,2005 より改変)

図 4.10 氷で遊ぶバンドウイルカ.(南知多ビーチランドにて撮影)

図 4.11 氷の中の餌(サカナ)をとろうとするバンドウイルカ.(南知多ビーチランドにて撮影)

あったと考えてよい．そして，時間の経過に伴って「徐々に餌が出てくる」ということが，時間の伸長に貢献していると推察できる．

一方，「餌」というよりも「遊びの対象」としてとらえた個体の場合には，時間とともに形を変えていき，変幻自在に動きまわる「氷」が，とても刺激ある遊び道具として映ったのかもしれない．

（2）給餌装置を使って

次に，上記の氷の実験と同じ個体を対象として，「餌が見えて，さらにその餌をとれる装置」と「餌は見えるが，なかなか餌がとれない装置」，また，「餌は見えないが，中にある餌がとれる装置」と「餌は見えもしないし，とれもしない装置」を作製した．これらの装置のつくりはそれぞれ，透明な本体の中央に穴が開いていて中から餌がとれるものと，その穴を小さくして餌が出てこないようにしたもの，それから，全体をテープで覆い，中に餌があるか見えなくしたもの（ただし，餌は出せる）というようになっている（図4.12）．

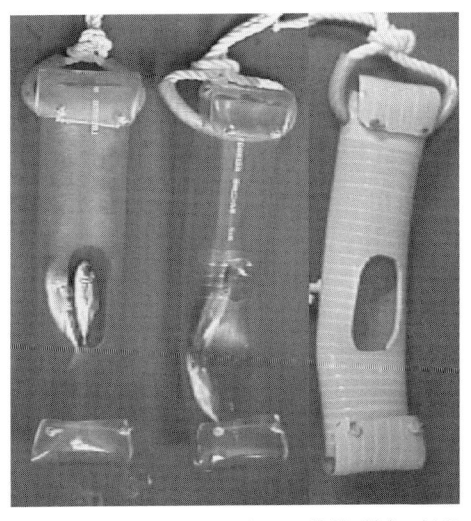

図 4.12 餌が見えていてとれる装置（左），餌が見えていてとれない装置（中），餌が見えなくてとれる装置（右）．

図 4.13 餌の装置の投入実験．個体によって"好む"装置が異なるのか．(南知多ビーチランドにて撮影)

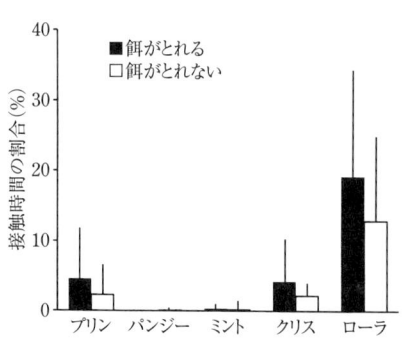

図 4.14 餌が「とれる」装置と「とれない」装置への接触時間の割合．横軸は個体名．(千田, 2005 より改変)

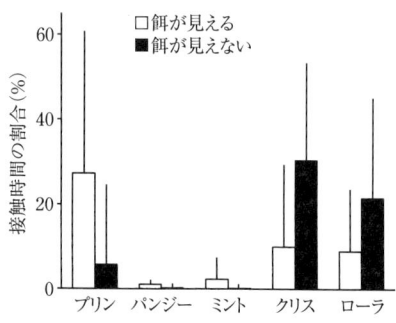

図 4.15 餌が見える装置と見えない装置に対する個体別の反応．個体によって"好み"が違うのだろうか．横軸は個体名．(千田, 2005 より改変)

これらの装置をイルカのいる水槽に投入し，餌が取り出されてなくなるまでの時間（餌が取り出せない場合は15分間と設定）のうちの装置への接触時間を測定し，その割合を求めた．

実験では，まず，「餌が見えている」が（餌が）とれる装置ととれない装置を同時に投入してみた（図 4.13）．その結果が図 4.14 である．ここで驚くのは，上記の「氷の餌」実験と同じ個体で実験したのだが，氷にはまったく無関心だった個体の中に，この装置に対しては非常に関心を持ったものがあり，逆に，氷に対してよく接触していた個体がこの装置にはほとんど関心を示さなかったことである．また，接触時間の傾向について見てみると，差は小さいが，これらの個体はいずれも餌の出る装置に接触する傾向が高い．また，これらの個体ははじめはどちらの装置にもよく"ちょっかい"を出していたが，実験の後半になると「餌の出ない」装置に対してほとんど接触が見られなくなったので，実験の進行に伴って，餌が出る装置と出ない装置を学習したのかもしれない．

次に，餌が「見える」装置と「見えない」装置とを水槽に投入した．その結果，個体によって選択する装置が分かれた（図 4.15）．しかし，上記の実験でイルカたちはこれらの装置を経験しており，よって，すでにこれらの装置で餌が出ることを学習していたことが考えられる．そうならばこの実験で選択が分かれたのは個体の嗜好の違いが考えられるが，「餌」ということよりも，遊び道具として好んだのかもしれない．

4.5　効果的な環境エンリッチメントとは

いろいろややこしい話をしてきたが，ここまで環境エンリッチメントのさまざまな施策のうち，「遊び」と「採食」に関して行った実験を紹介した．これらの結果が示唆することはなんだろうか．

まず「遊び」については，確かに道具に対しては，ある程度の反応を見せ，いろいろそれに関して行動を起こしているし，器用に「遊んで」いる．その意味では行動パターンの増加という点で一定のエンリッチメントの効果がある．しかし，道具ならなんでもよいということではなく，遊びやすいものと遊びにくいものとがあるようだ．また，個体による違いも見られる．そして，

図 4.16 その他のエンリッチメント実験.エンリッチメントの実験は多種多様である.(八景島シーパラダイスにて撮影)

いつまでもそれで遊んでいるわけではなく，やがて飽きてもくるように見える（これは動物園の動物でも見られる現象である）．

　要するに，確かに飼育下のイルカに安全に道具を与えることは効果的ではあるが，しかし，決して「ただ道具さえ与えておけばよい」ということではない．動物の興味をいかに維持するか，その目的で私は現在もいくつかエンリッチメントの実験を試みているが（図4.16），その成果はいずれまた紹介したい．

　次に，採食についてはどうだろうか．

　上述した例で見てみると，一部の個体ではあるが，氷や給餌装置に対して積極的な関与があったことは，それらに「遊び道具」としての意味があったのかもしれない．そうならば，「氷」や「装置」などが，イルカたちの行動パターンを増やすことに一役買ったことになる．また，イルカたちは一定時間それらのものに関与していたということは，その分だけ採食に時間がかけられたことにもなる．したがって，これらの氷や給餌装置は，環境エンリッチメントの目指す目標の1つである「行動パターンや行動時間の保証」という面では奏功したものであり，「採食の工夫」を図るには，こういった，ほんの少し餌がとりにくいような物理的なものを使うことが効果的であろう．

　一方，同じ飼育環境にある同じ個体を使ったにもかかわらず，投入したもの，投入方法などによる個体差が非常に大きかった．これは，個体による嗜好性が大きいということであり，換言すれば，同じ施策を講じてもすべての個体（ひいては，すべての園館）について必ずしも効果が一様ではないことを物語っている．このことは，「遊び」についての傾向と共通している．

　このように，環境エンリッチメントの施策にはすべてに共通した方法というものを見つけることは難しい．したがって，水族館での環境エンリッチメントを考えるうえでは，その園館ごとに環境，飼育状況，設備などに応じたものを考え出さなくてはならないことと，その効果のほどは個体の特性で見極めることが必要になってくる．環境エンリッチメントはその効果をすぐには測定できないので，刺激に対する行動を慎重に解析することで，まずはどんな手法がよいのかについて注意深く観察し，そして試行錯誤を繰り返しながら，それぞれの動物に合った施策を組み合わせて実施していくことが効果的であろう．このような発想のもと，ほかにも，私はしまね海洋館アクアス

(島根県浜田市),マリンピア松島水族館(宮城県松島町),鳥羽水族館(三重県鳥羽市)などでも種々に試みているが(鳥羽水族館はセイウチが対象),その成果はいずれまたの機会にご紹介したい.

ただ,そもそも水族館,すなわち「水」のある飼育環境でのエンリッチメントは容易なことではなく,多くの水族館がエンリッチメントの意義と必要性は理解しつつも模索している状態である.しかし,飼育する人たちの「動物を動物らしく飼育したい」という愛情・熱意が,その多くの課題を克服する原動力となっている.

第 5 章　視覚
　　——イルカから見える世界

　いよいよイルカの認知機構を調べることになるが，それを知るにあたっては，私はまず，イルカが外界の刺激をどのように感知しているのかを調べたいと思った．つまりイルカの感覚能力を測定するのである．しかし，イルカはきわめて優れた音感能力を有していることが知られており，聴覚機構や聴覚能力については世界中でほぼ調べつくされている（たとえば，Au, 1993；Au et al., 2000）．そこで私は「視覚」に着目することとした．これが私のイルカ研究の出発点である．

　イルカはどのくらい見えるのだろう，この世界がどのように見えているのだろう．そしてそれはわれわれヒトに見える世界と同じだろうか……．これらがわかれば，イルカに視覚を介した刺激を呈示するのに，どんな形状や特性が有効かがわかることになる．そこで，こういった疑問を解決するべく，これまでにすでに調べられてきた知見に私が調べた成果を合わせて，イルカの光覚能力を見ていくことにしよう．

5.1　視覚の意義

　海の中は暗い．ダイビングで海に潜ったり，水族館で水中が見える水槽をのぞいたとき，誰しもがそう感じるはずである．空気中での光は 290 nm から 3000 nm と広い範囲にわたっているが，それに比べて水中では存在する波長帯域が狭く（380-760 nm），また減衰が著しい．水中に入った光は，赤色は 10 m も潜れば 1% まで減衰し，青は最も減衰しにくいものの，それでも水深 150 m で 1% ほどになってしまう．こういう水中の世界をわれわれヒトが見たとき，「暗いな」と感じるのである．

ヒトはとかく自分を中心とした発想をする．視覚についても，自分が見える世界を基準として話を構築し，展開する．だが，ヒトと動物では視覚の機能は同じではない．たとえばヒトは，暗がりや藪の中で餌を探しあてるガラガラヘビやハブを不思議に感じる．しかしその答えは簡単で，餌としている生物（ネズミなど）の持つわずかな体温（熱）が赤外線を発生し，ヒトはそれを感知できないが，ガラガラヘビやハブは特殊な器官によってそれを感知することができるからである．ヘビはそうして暗がりの中での餌の探査に役立てている．また，一見，ヒトの眼にはなんの変哲もなく見えるチョウがどうやって交尾の相手を見つけたり，蜜のありかを見つけるのかも不思議に思う．しかしこれも同様で，一般に昆虫の複眼では紫外線が見えるので，チョウは羽根に当たった紫外線の反射の仕方で雌雄を見分けたり，花びらに当たる紫外線の反射のくすみ方で蜜のありかを探知できるのである（蜜標と呼ばれる）．このように，動物とヒトでは世界の「見え方」が違っている．それは動物それぞれの生態に由来しているといってよいだろう．

「海（水中）は暗い」というのは，あくまでもヒトの眼にとっての印象である．ヒトの持つそのような視覚の感覚がこれまで多くの誤解を生んできた．たとえば「そんな暗い水の中にすんでいる生物は，視覚は役に立つまい」と思われてきたが，その"暗い"はずの海に生息する多くの生物たちもヒトと同じように「海は暗い」と感じているかというと，もちろんそうではない．たとえばサカナは眼の中にさまざまな集光・増幅機構を有し，乏しい光を十分に利用している．そして，その暗い水中で巧みに餌を探し，敵の眼から逃れ，配偶者を探し子孫を残すべくさまざまな社会行動を行っていることが，多くの観察例から明らかである．彼らにとって，決して海は暗くないのである．

鯨類においても，視覚に関する認識は同様である．かつては暗い海の中では鯨類の視覚は機能していない，眼はほとんど役に立たないなどと考えられ，眼の機能や光覚能力が過小評価されていた時代があった（Walls, 1942）．しかし，その後の多くの調査によって，野生の鯨類が明らかに視覚を使っていることを示すさまざまな行動の事例が報告されるようになった．たとえば，「第2章 イルカの生態——複雑な社会」で紹介したように，相手に対して口を大きく開けて歯を見せたり，相手の前でサメのまねをした泳ぎ方をして

みせたりする行動や，異性の前でジャンプや回転をしたり，S字に体をくねらせたりする行動，あるいはあたかも自分の生殖孔を相手に見せつけるようなしぐさもすることなどが報告されてきた（たとえば，Madsen and Herman, 1980）．これらは相手の個体に視覚によって，威嚇や友好的な意図など，なんらかの情報を訴えている例である．

また，スパイホップと呼ばれる行動は，頭部を水面から空気中へ垂直に突きたて，体を回転させながらあたかも周囲を見回すかのようにする行動である．このスパイホップはザトウクジラ，コククジラ，セミクジラなどのヒゲクジラ類，シャチ，バンドウイルカ，マッコウクジラなどのハクジラ類など，いくつかの種で目撃されている（Madsen and Herman, 1980 ; Mobley and Helweg, 1990）ほか，水族館のイルカでも眼にできることがある．また，視覚が劣っていると考えられているアマゾンカワイルカもスパイホップをしていることが目撃されている（Layne, 1958）．

こういった行動が根拠の1つとなって鯨類の視覚機能について見直されるようになり，求愛，威嚇などをはじめとする，個体間のさまざまな社会行動において視覚は重要な役割を果たしていることが認められるようになった．

実際，水族館におけるパフォーマンスでは，イルカはトレーナーの指先のわずかな動きの違いを認識してさまざまな行動を繰り広げるし，ハーマンをはじめとする多くの研究者によって，水中や空気中に呈示された2次元，3次元のさまざまな対象物を視覚で認識させる実験が数多く行われ（たとえば，Herman, 1980 ; Herman *et al.*, 1993 ; 村山, 2003），鯨類（特にイルカ類）の持つ優れた視覚能力が実験的に検証されている．さらに，脳の生理学的な精査から，脳では聴覚に関与した部分（聴覚野）に次いで，視覚関与部位（視覚野）が大きな面積を占めていることが明らかとなった（Ridgway, 1986 が概説）．

こうして鯨類も海の中では巧みに視覚を用いていること，すなわち鯨類の視覚が十分に機能しうるものであることが立証されている．本章ではこのような視覚能力や視覚特性について，イルカ類の認知機構やその測定に関連するような点に関して，私が行った検証の結果を含めて，これまでの知見を概観していくこととする．

5.2 まずは「眼」から

視覚について調べるうえでは，やはりまずはその入口である光覚器すなわち眼の構造を知る必要がある．そこで私はいくつかの種について，その構造を調べてみた．

眼球は死んでいる個体から摘出するが，「死んでいる個体」といっても，それらの入手場所はきわめて限定的である．主なものとして，ストランディング（座礁）して死亡したもの，捕獲調査等で採集された個体等がある．また，日本にはイルカ漁業をしている地域がいくつかあるので，そこへ赴き，市場に並んでいる個体たちから，買い取り業者に交渉して，商品価値が下がらないように配慮しつつ（顔色をうかがいながらだが，むろん，断られることもある），眼球を摘出する（図5.1）．水族館で飼育している個体が死亡すると，多くの場合，剖検が行われるので，そのときも眼球を入手できることがある．しかし，あらかじめ「もし死んだら眼球を……」といったことを水族館へはお願いしにくいので，あまり積極的な採取とはいかない．

図 5.1　イシイルカからの眼球摘出．

さて，イルカは体脂肪分が多いため，摘出した眼球は油でよくすべる．そのため誤ってすべらせて落としたりして，上下がわからなくなることのないように注意しなければならない．通常，内臓などを解剖して摘出する場合には，上下，左右がわかるように筋肉の一部を付着させて摘出するとか，試料として問題のない部分にナイフで切り込みを入れておくとか，なにか目印をつけておく．そこで私も眼の角膜の上部に測定等に影響のないような傷をつけて目印とした．

私が調べた種はバンドウイルカ，イシイルカ，ミンククジラなど数種になる（図 5.2）．その特徴は関連する知見（Murayama *et al.*, 1992a, 1992b, 1995；Murayama and Somiya, 1998；村山，2008a, 2008b に概説）を参照いただきたいが，眼球は他の鯨種のみならず，多くの脊椎動物と共通の構造を有していて，外部形態は光を取り入れやすい構造といえ，網膜構造では夜行性動物に類似した特徴であった．そこには有効に光を知覚できるように光覚因子が配置され（図 5.3），海の中の光環境を反映したシステムを持つ眼であることがわかった．

では，このような眼でイルカは「どのくらい」見えるのだろうか．

5.3 「見える」ための 4 つの要素

そもそもものが「見える」ということはどういうことか．

「見える」とは簡単にいえば，対象物に反射した光が眼球に入り，それが網膜上の視細胞に吸収され，その刺激が電気信号に変えられて網膜内のさまざまな神経細胞群を伝播し，やがて視神経を介して脳に達して「像」として認識されることである．しかし，生物側にこのような経路が整っているからといって，いつでもものが視認されるとは限らない．

たとえば，暗いところでは本は読めない．ものを見るためには「明るさ」が必要であることはみんな知っている．しかし，どんなに明るくとも，海の中のプランクトンは見えない．小さすぎるのである．ものが見えるには明るさのほかに，「大きさ」も必要である．一方，真っ白なテーブルクロスの上にこぼれた砂糖はわからない．テーブルクロスの白と砂糖の白の明るさの違い（比）が小さいから，区別がつかないためである．アリの行列ができてや

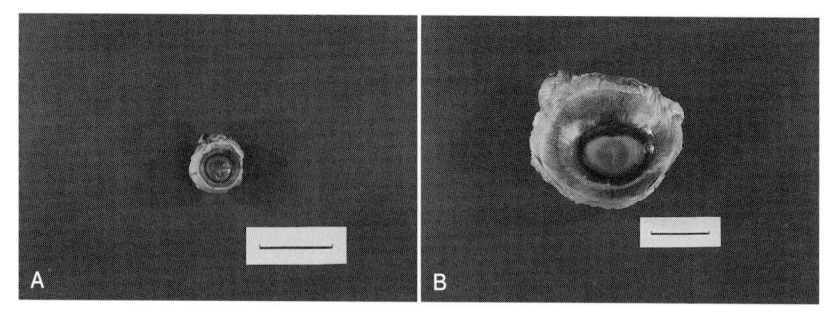

図 5.2 鯨類の眼球．A：イシイルカ（横棒は 5 cm を表す），B：ミンククジラ（横棒は 10 cm を示す）．

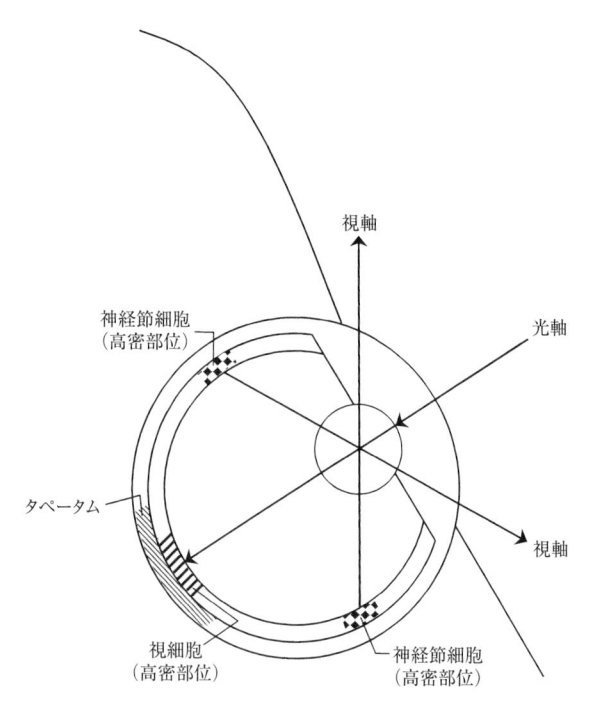

図 5.3 眼球内の光覚因子配置図．視細胞，神経節細胞，タペータムが機能的に配置されている．（村山，1996 より作成）

っとこぼれた砂糖に気づいて大あわてする．また，夏は蚊が多い季節であるが，目の前に飛んできた蚊を一撃の平手打ちでつぶすには，失敗も多い．蚊が飛ぶのが速すぎて目が追いつかず，空振りに終わってしまうのである．

このように，ものが見えるためには4つの要素が必要である．それは，「明るさ」「大きさ」「コントラスト」「速さ」である．そこに明らかに存在しているものであっても，これら4つの要素が十分かつ適当でなければ，ものは「見えない」のである．

これらの「見える」ための要素のうち，イルカの視覚能力においてその精度や特性が調べられているのは，「大きさ」つまり視精度（視力）と「コントラスト」である．

5.4 視力検査

池や沼の水をすくってみると，水の中をなにか小さなものが動いている．しかし，それがなにか，肉眼ではよくわからない．そこで顕微鏡を使って見てみると，さまざまな形や色の生物がうごめいているのがわかる．こんな身近なところにこんなにいろいろな生き物がいるのかと，案外不思議な世界だ．

池の水の生き物は確かにそこに存在しているのに，そのままでは小さすぎて，拡大してやらないと見えない．このように，ものはある程度の「大きさ」がないと認識することができない．イルカはどのくらいの大きさまで見えるのか．

「大きさ」の認識に関する研究は視精度（視力）を測定することである．

視精度とはなんだろう．結論からいうと，眼で，異なる2点を識別できる最小の角度のことである．ただ，必ずしも「2点」でなくとも，たとえば円や四角形といった図形であれば直径や1辺の長さ（線分の端と端）の認識になるし，健康診断でおなじみの視力検査の場合にはランドルト環（アルファベットのCの文字のような図形）の切れ目の識別になる．そういった長さ・距離や幅の違いを見極めることができる最小の角度が視精度（視力）である．

さて，そのような視精度を調べるには2通りの方法がある．

そのひとつ目は，ヒトの健康診断のように，行動実験によって2点間や2本の直線間などを識別させるものである．ちなみに，ヒトの健康診断では，

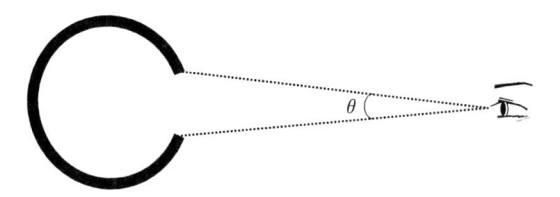

図 5.4 ランドルト環と視精度（視力）．切れ目を識別できる最小の角度 θ から視精度（視力）を求める．

上述したようにランドルト環の切れ目を読むことによって視精度が測定される．このランドルト環における切れ目の向きがわかると，なぜ視力がわかるのか．1.2 とか 0.1 などという視力検査のときの数値はなにを意味するのだろう．それは，被験者の位置からランドルト環の切れ目を見込む角度を示している（図 5.4）．図形（ランドルト環）が小さくなり，切れ目がどこにあるのか区別できなくなるとき，その切れ目を見込む角の大きさ（角度）を「分」の単位（1 度 = 60 分）で表し，その逆数をとったものが，健康診断でおなじみの視力である．したがって，視力の数値が大きいほど，それを逆数に戻したときの値は小さくなるので，小さい角度まで識別できるということになる．

実際に視精度を測定するにあたっては，ヒトの場合には「片方の目をつぶって」とか「切れ目の向きをいって」とかことばで伝えることができるため，視力検査は容易である．しかし，動物はことばでいって聞かせることができない．したがって，視精度を求めるためには学習と訓練によって特定の図形を識別させることをしなければならない．

動物の視精度を求める一般的なやり方の 1 つとしては，まず，1 本の直線と 2 本の直線を呈示し，2 本のほうを選択するように条件付けをする．それが獲得されたら，2 本の直線の間隔を次第に狭めていき，どこまで狭めたら 1 本線と区別がつかなくなるかを調べていく．そして，その区別できなくなる境界の間隔からそれを見込む角度を求め，視精度を算出する．

イルカ類においては，いくつかの種でこの方法によって視力が測定されている．しかし，上述したように，条件付けなどの訓練と行動実験が必要なため，視力が求められているのは飼育が可能な限られた種のみである．私はこ

の方法で視力を測定した経験はないが，これまで報告されている知見を紹介すると，カマイルカの最小弁別角は6分（Spong and White, 1971），シャチでは5.5分（White et al., 1971）である．いずれもヒトの健康診断のときに宣告される視力の値に換算すると，それぞれ0.17，0.18となる．また，バンドウイルカでは，厳しく統制された実験方法によって水中における視力と空気中における視力それぞれが測定されている．それによると，水中では8.2分（ヒトの健康診断のときの表示だと0.12），空気中では12.5分（同0.08）となっている（Herman et al., 1975）．これを眼がよいといえるかどうかの判断は読者におまかせするが，少なくとも，イルカが一定の視力を持っていることは明らかである．

5.5　眼で調べる——生理学的な手法

　さて，行動実験が可能な種の視力測定は上記のとおりであるが，イルカの飼育や訓練はそう簡単ではないので，そうして測定できる種は限られた数しかない．では，それ以外の種では視精度を知ることはできないのだろうか．視力を知るふたつ目の方法は眼から直接調べるやり方である．

　視精度とは異なる2点間の距離や間隔を認識・識別する能力と前述したが，そういう差を認識するのは，究極的には眼の細胞による．つまり，視精度は眼の細胞の特性（分布様態）によって規定されていることになる．

　外界に存在する点からの光情報（点の反射光）は，眼の中に入ると網膜上に存在する細胞によって認識される．2点からの光刺激は網膜上の2つの細胞によって感知されるので，逆に，網膜上の細胞間の間隔がわかれば，その見込む角度によって網膜が分解できる最小の距離がわかる（図5.5）．

　厳密にいうと，ここで対応する網膜中の細胞は神経節細胞という細胞である（図5.6）．細胞がまばらに分布していれば細胞間の距離が大きくなるので，大きなものしか認識できないし，逆に，密に並んでいればその間隔は狭いので，小さなものまで見極めることができることになる（図5.5）．したがって，この考えにもとづいて網膜の細胞分布を調べれば分解能が推定できる．この方法を用いれば，眼さえあれば視精度を調べることができることになるので，測定可能な種がぐっと広がる．たとえば，行動実験では不可能で

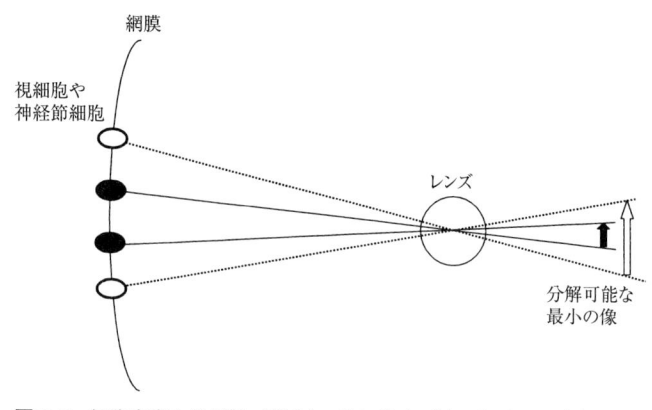

図 5.5 細胞密度と分解能（視力）．疎に分布（白い細胞の分布）より，密に分布（黒い細胞の分布）のほうが小さなもの（像）が分解できる．すなわち，細胞が密なほど，高い分解能（＝高い視精度・視力）になる．

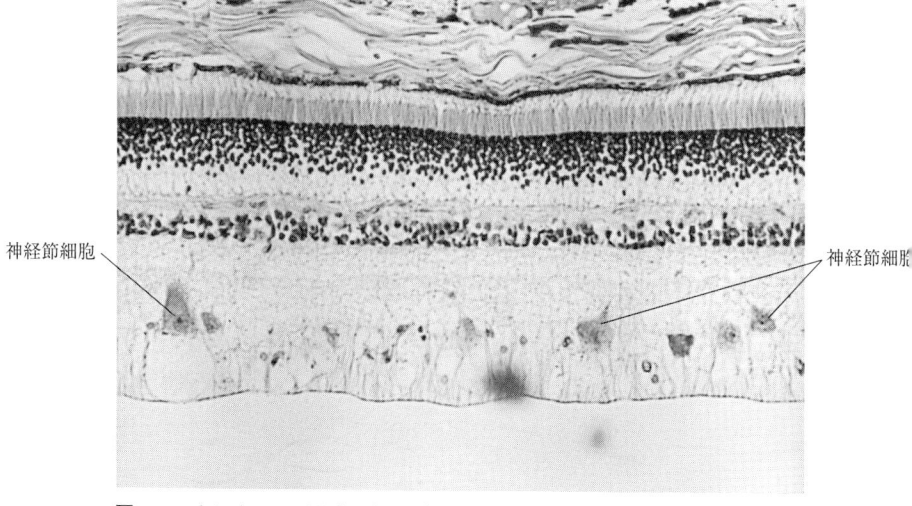

図 5.6 イシイルカの眼球の網膜（HE 染色）．

5.5 眼で調べる——生理学的な手法

あったヒゲクジラ類でも視精度を知ることができるし，浜にうちあがった珍しいイルカの視力だってわかる．

私はこの方法で，いくつかの種の視精度を調べた．

眼のサンプルの入手は「5.2 まずは『眼』から」で紹介したとおりで，その視精度の調べ方の原理は上述のとおりである．実際には網膜上の神経節細胞の密度を計数し，そこから2個の細胞間の距離を求め，それらが見込む分解しうる角度を算出する．

いろいろな現場で死亡したイルカから摘出した眼球は実験室に持ち帰って，解剖して網膜を摘出する．そして直接染色法によって網膜を染色すると神経節細胞が明瞭に染まるので，顕微鏡下で丁寧に細胞の密度を測定する．網膜の部位によって細胞の密度が顕著に異なるが（図5.7），上述したように，密集しているほど隣の細胞どうしの距離が近いので，それだけ小さな角度まで見込めることになる．よって，網膜上の最も高密度の部位を探し出し，密度を測定する．そこが最も分解能の高い，すなわち視精度のよい部位となる．眼球を球に近似して，測定された密度から2点間の弁別可能な角度，すなわち視精度を計算する．

こうして求められた視精度は表5.1のとおりである．私が調べた種以外も含め，飼育可能な種から，飼育がほとんど不可能な種まで，網膜分解能すなわち視精度が求められている．この表が示すように，眼球を解剖して生理学的に求めた視精度と前節で紹介した行動実験によって得られた視精度の間には，あまり大きな差がない．つまり，いずれの方法によっても視精度は測定できるということである（ただし，「5.4 視力検査」で紹介したカマイルカの値についてはスポングらの実験方法に問題が指摘されており，過大評価とする見方がある）．

ちなみに，この神経節細胞の密な部位はイルカには2カ所ある（ヒトは1カ所；村山，2008a, 2008b に概説）．つまり，ものがよく見える場所が眼の中に2カ所あることになり，これから視軸を推定すると，イルカには2本あることが考えられる（図5.8）．つまり，イルカは前方と後方がよく見えることになる．いったいどんなふうに見えているのか，ヒトでは考えられない視界である．

なお，生理学的な方法ではないが，眼球の光覚能力に関して，眼球を直接

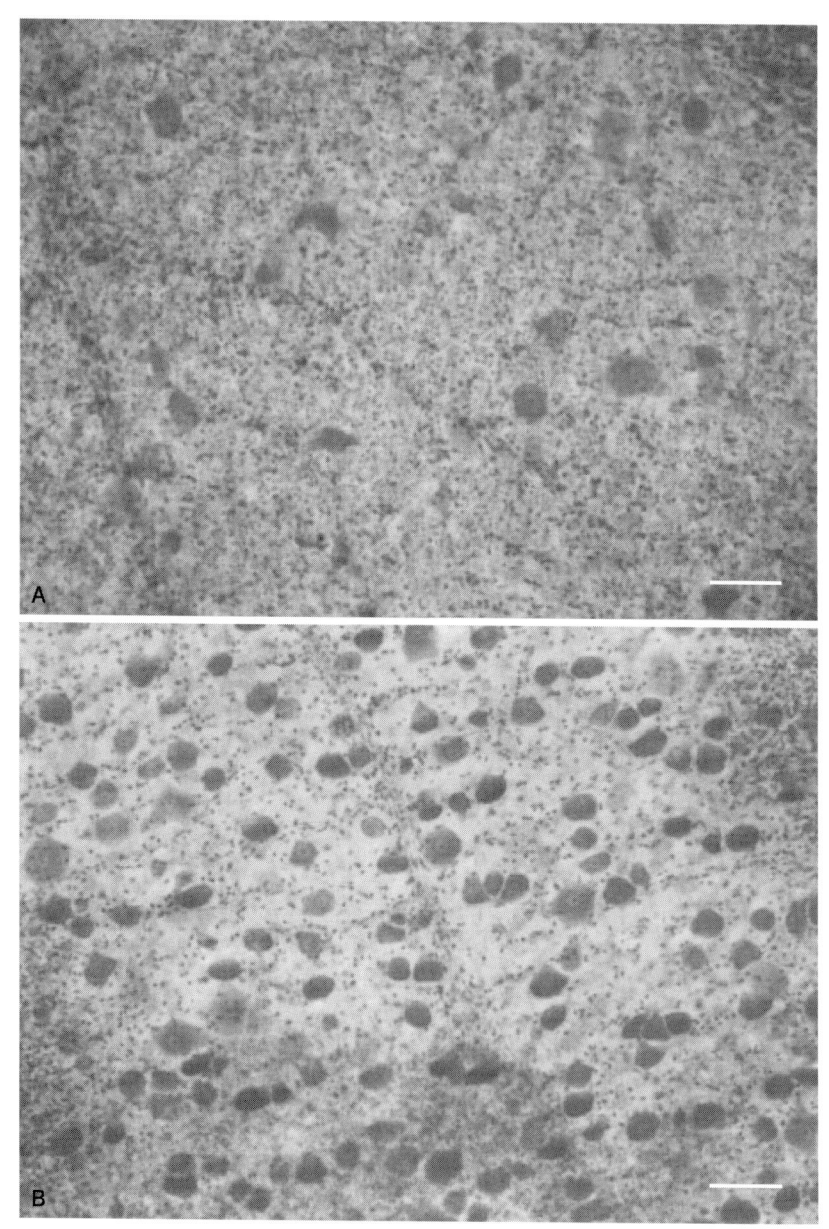

図 5.7 神経節細胞の分布(直接染色法.ミンククジラ).A:疎に分布.B:密に分布.横棒は 100 μm を表す.

表 5.1 主な鯨類の視力.(村山, 2008a, 2008b より改変)

		視力
ハクジラ類	ネズミイルカ	0.07-0.09
	イシイルカ	0.09
	バンドウイルカ	0.08-0.11
	カマイルカ	0.09
	マイルカ	0.11-0.13
	シロイルカ	0.08
	シャチ	0.18
	オキゴンドウ	0.09-0.10
	アマゾンカワイルカ	0.02-0.03
	コビトイルカ	0.01-0.04
ヒゲクジラ類	コククジラ	0.09-0.10
	ミンククジラ	0.14

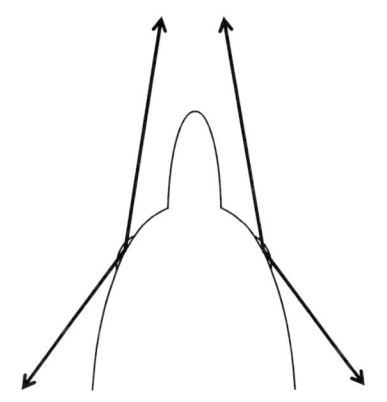

図 5.8 イルカの視軸(模式図).左右の眼で,それぞれ 2 方向の視軸を持っている.一度に別々の方向を見ることができることになる.

図 5.9 シャチの眼を直接調べる！（鴨川シーワールドにて撮影）

測定することもある（図 5.9 は眼の屈折率を調べているところ．）．

5.6 「大きさ」の認識と認知実験

　行動実験の成果にせよ，眼球の神経細胞から求めた値にせよ，全体を見通してみると，鯨類の視精度は 7.5 分から 12.5 分くらいの間に集中している．これらはヒトの視力検査での表記法に換算すると 0.13 から 0.08 の範囲になる．

　これらの視精度の値は，今後の種々の認識・弁別実験を計画するうえで，被験体に呈示する視覚刺激の大きさを決める際の 1 つの目安になる．すなわち，なにかの弁別刺激を呈示するような実験の場合，被験体の位置と呈示する刺激までの距離から勘案し，ここで求められた視精度にもとづいて，刺激の大きさが十分見えるような大きさに設定しなければならない．たとえばイルカがなにかの図形を識別し，吻先でタッチするような方法の実験の場合，

ある程度手前から識別できる大きさの刺激が必要である．イルカの視力を0.1とすると，視力0.1は角度にすれば10分になり，10分は0.17度だから，1 m の距離から識別可能な大きさを x（m）とすると，

$$\tan 0.17 = x/1 \Leftrightarrow x = \tan 0.17 = 0.00297 \text{（m）}$$

である．つまり，刺激の大きさ（あるいは幅や太さ）は3 mm以上としなくてはならない計算になる．

5.7 脳波と光感知

ところで，眼から入った光は本当に脳に達しているのだろうか．イルカの眼は体の大きさに比して小さい．そんな眼から入った光が「刺激」や「情報」として脳に達していなければ視覚による認知自体ができていないことになる．そこで私は光刺激と脳の関係について知るために，脳波を指標として調べ，周囲の明暗によって脳波がどのように変化するのかを検証した (Murayama et al., 1993)．

脳波の測定といっても，イルカ用の方法があるわけではない．ヒトのやり方に準じるしかない．しかし，電極は脳波用のものはあまりにも小さすぎて，イルカに装着してもはがれてしまって，なかなかうまくいかない．そこで，電位変化を拾う原理は同じなので心電図用の電極を用いることにした．また，相手は"借り物"の貴重な動物である．もちろん失敗できない．そこで私は実験に先立って，ヒトの脳波測定の講習会に参加して研修を受け，少しでも習熟に努めた．

さて，実験は鴨川シーワールド（千葉県鴨川市）で行った．測定は空気中である．本当は水中が望ましいのだろうが，脳波は微細な波形であり，まばたきのようなものでも筋電図となる可能性がある．水中で泳ぎまわる状態で測定しても，脳波か筋電図か区別ができなくなる．また，そもそもこの実験は脳波と明るさと脳の関係を見るのであるから，必ずしも水中である必然性はない．

そこで，プールからイルカを運び上げ，陸上にて測定した．もちろん本来水中にいる動物であるから，体が乾燥してはたいへんである．そのため電極装着部位，眼の周辺，呼吸孔付近を除く全身に乾燥防止のワセリンを塗り

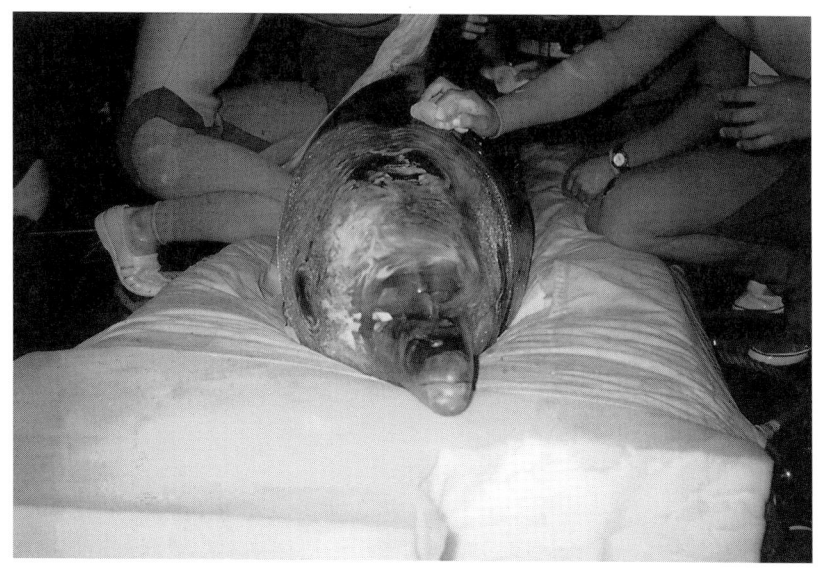

図 5.10 乾燥防止のためのワセリン塗布．（鴨川シーワールドにて撮影）

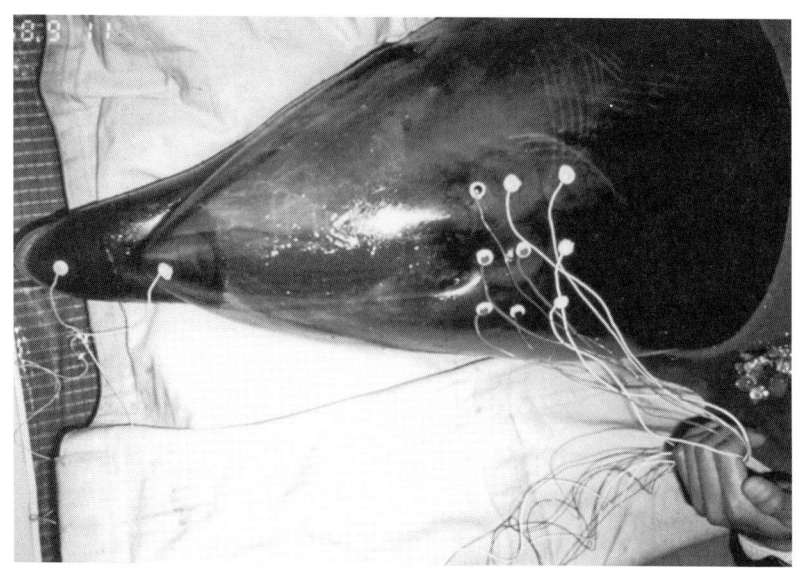

図 5.11 電極装着部位．（鴨川シーワールドにて撮影）

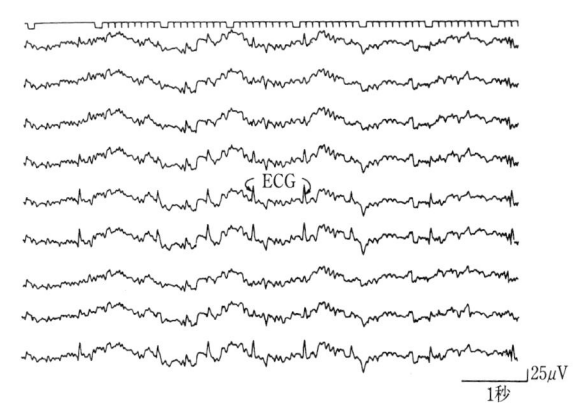

図 5.12 バンドウイルカの脳波．ECG は混入した心電図．

（図 5.10），さらに測定中もときどき休憩を入れて，シャワーで水かけをした．ただ，それにしても，プールから個体を取り上げてから測定が終了してプールへ戻すまでの数時間，イルカはずっと陸上にいるわけなので，動物にとって至極危険な状況であることには変わりない．

電極はイルカの脳の部位に合わせて装着した（図 5.11）．そうして，頭部付近の照度が 3000 ルクスという明るい状態と 50 ルクスの暗い状態でそれぞれ脳波を測定した．その結果，図 5.12 のような波形をとることができた．そこで，これをスペクトル解析してパワースペクトルを求めて，明暗での波形を比較してみた．すると，明るい場合に比べ，暗い場合には周波数の低いほうに波形が変移していることがわかった．つまり，暗くなるとゆったりした脳波になるということである．このように明暗で脳波の波形に違いがあったということから，少なくとも眼から入った光情報はなんらかの形でちゃんと脳に達していることが立証された．ちなみに，ヒトでは意識が低下すると脳波も低周波のゆったりした波形になる．ということは，イルカもヒトと同じように暗くなると脳波がゆったりしてくる……つまり，眠くなったり，意識が朦朧としたりするのだろうか．

5.8 コントラストの認識

　毎年,暦が残り少なくなるころに訪れる冬将軍は日本の風物詩の1つである.だが,白いコンクリートの上に舞い落ちた雪を見ても,それがどんな形をしているのかよくわからない.これはコントラストの知覚の違いである.

　ものが見えるためには「コントラスト」も重要な要素である.コントラストとは2つの対象物の明るさの差を意味したものだが,明るさの違いが大きければ明瞭にものが見え,小さければ見え方もはっきりしない.上述の雪の結晶も,コンクリートも雪も同じ白い色どうしだからその結晶の形がわかりにくい.コントラストが小さいのである.しかし,黒いコートに舞い降りた雪の結晶はよく見える.それは実に美しく,ロマンチックな形をしている.

　コントラストは,正確にはそれぞれの物体の反射する輝度を測定し,以下の式によって求める.

$$\text{コントラスト} = \frac{(\text{ターゲットの輝度}) - (\text{背景の輝度})}{\text{背景の輝度}} \cdot \exp(-\alpha r)$$

（α：光束透過率,r：距離）

この式にある光束透過率とは透明度や光の透過度を表す.水中では場所によって光の透過率は非常に大きく変動する.そんな環境の中をあちこち自由に泳ぎまわるイルカにとっては,見えるもののコントラストが大きく変動することになるので,その知覚の有無がさまざまに視認に影響していることは想像に難くない.このようにコントラストも,イルカ類の生態にとっては重要な意味を持っているはずである.しかし,イルカ類の視覚能力については,すでに述べた視力の測定はよく行われてきたものの,コントラストの認識が調べられた例はきわめて少ない.そこでここでは,私が行った1つの実験例を紹介しよう.

　水産業を悩ませる問題の1つに,いわゆる「混獲問題」がある.それは漁のために海に張られている網へ,サカナやイカなどの獲物だけでなく,イルカやクジラ,アシカなどの海獣類や海鳥などが絡まってしまう現象のことである.これらは肺呼吸をする動物であるので,網に絡まれば水面へ上がることができず,溺死してしまう.そういった死亡例が,実はきわめて多く,漁具や漁法の改善を求めて国際問題にもなったほどである.

5.8 コントラストの認識

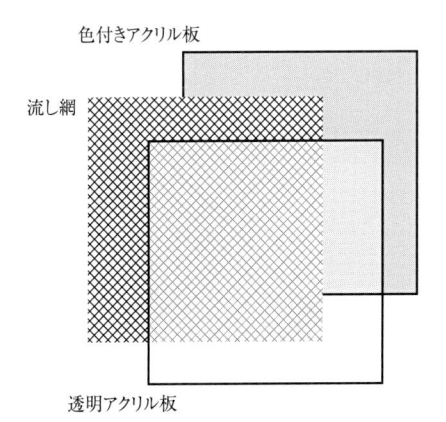

図 5.13 流し網コントラスト実験で呈示した刺激．背景のアクリル板の色を変えることでコントラストを変化させた．

その原因として，網にかかって動けなくなっているサカナを横取りしようとこれらの動物たちが横からついばんでいるうちに，誤って網に絡まってしまったということもあるが，網がそこにあるのが見えないまま泳いできて（突っ込んできて）絡まってしまったということも要因の1つと考えられている．動物にとっては交通事故的な問題である．

ナイロン製でできている漁網は非常に細く，透明だったり薄い緑色だったりしており，漁獲対象生物にとっては「見えにくいもの」として設計されている．そこで私は，これらの網がイルカにとってどの程度見えにくいものかを，コントラストを指標に調べてみた．

実験は鴨川シーワールドで行った．単純な二者択一の弁別実験である．不透明なアクリル板の上に網を貼りつけ，さらにその前面に透明なアクリル板を張ったものを作製した（図5.13）．また，これとは別に，アクリル板の間になにも挟んでいないものを同様に作製した．そして，それら2つのターゲットをイルカに呈示し，網が挟んであるほうのターゲットを選択するように条件付けを行った．イルカは優れたエコーロケーション能力を持ち，自ら音を発して，反射してきた音から対象物の特性を知ることができる．しかし，網が挟み込まれたターゲットに向けてエコーロケーションのために音を発し

た場合,前面のアクリル板,網(ナイロン),背景のアクリル板のいずれからも音は反射してくるが,前面と背景の2枚のアクリル板からの反射エコーが非常に強いため,その間に挟み込まれたナイロンからの弱いエコーを分離することができない.したがって,エコーロケーションによってナイロンの網を検知することはできない.

さて,条件付けができたところで,背景の不透明なアクリル板(図5.13の「色付きアクリル板」)の色を白,緑,黒の3色に変え,それぞれにおいて網のあるターゲットのほうを選択できるかを調べた.このとき各背景の色と網とのコントラストはそれぞれ−0.8, 2.6, 5.0であった.数値(絶対値)が大きいほどコントラストが明瞭であることを示す.背景が白の場合にはコントラストの正負が逆転してしまうが,肉眼でも明らかに網が認識できるほどに明瞭に見える.しかし,背景が緑,黒となると,われわれヒトでもどちらに網が挟まれているか,視認は困難であった.

実験は水族館でシロイルカを使って行われた.このとき,明るさを108ルクス,8ルクスと設定したが,これらは当時国際問題になっていたイシイルカの混獲を参考に,そのイルカの多いベーリング海の明るさ(108ルクスは日中の水深1-2 mの明るさ,8ルクスは最も羅網率の高い日没直後の同水深

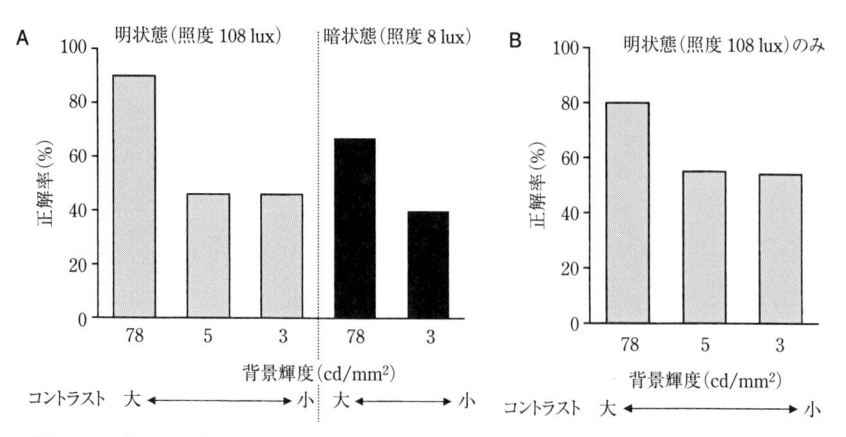

図5.14 水中,空気中における明るさによる網の識別.明るさに関係なく,コントラストが低いほど,正解率が下がる.A:水中の場合,B:空気中の場合.(村山,未発表)

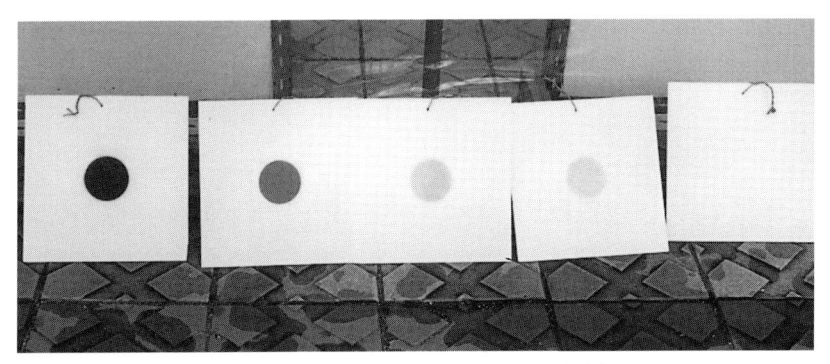

図 5.15 呈示した異なるコントラストの円（一番右は無地の白色）.

における明るさ）が指標とされた.

実験の結果は図 5.14 のとおりである．周囲が十分に明るくともコントラストが悪くなると正解率が 50%前後に低下しており，網を認識することができないことがわかる．また，暗いときでもコントラストが大きければなんとか網の存在は把握できる．もっとも，明るいときに比べれば正解率は悪いので，明るいときよりは網にはかかりやすいともいえる.

このように，コントラストの差で網の認知が大きく異なる．実際の海では，明るい日中でも網の背景はうすぼんやりとした広大な海が広がっているから，やはり網が見えないと思ったほうが自然だろう.

このようなコントラストの認識について，さらに段階を増やして実験的に調べた（村山，1998）．実験場所は南知多ビーチランド（愛知県美浜町）である．まず，白地にさまざまな濃度の円を描いたターゲットを作成した（図 5.15）．それぞれ背景とのコントラストは -0.95, -0.78, -0.39, -0.29 （図の左から）である（背景が白なので，コントラストは負の値になり，負の値が大きいほどコントラストが明瞭なことを表す).

実験は水族館においてバンドウイルカを対象として行った．晴天の日中（800 ルクス），曇天の日没直後（8 ルクス），夜間（0.8 ルクス）の 3 段階の明るさを想定し，それぞれの明るさのもとでこれらの円と無地のターゲットを対にして水中に呈示し，二者択一により円の描かれてあるほうを選ばせた.

実験では図 5.16 のように，呈示装置で 2 枚のターゲットが差し込んであ

図 5.16 被験体による選択.（南知多ビーチランドにて撮影）

る上部にそれぞれバーを設置し，円が描かれてあるとイルカが判断したほうの上部にあるバーに吻先でタッチさせるようにした．一般的には，刺激の描かれたターゲットに直接吻タッチさせたほうがわかりやすいのだが，そうなると泳いでくる途中のどの地点（距離）で刺激を視認できたのかがわからない．ターゲットに近づくほどコントラストは大きくなるわけなので正確なコントラスト値が出ない．また，近くに寄ればコントラストの大小に関係なく円を認識できるので，一定の距離（最小視認距離）をおくことで，その位置におけるコントラストを設定できることになる．

その結果が図 5.17 である．コントラストの明瞭なもの（数値では絶対値の大きいほど）では，明るさに関係なく正解率が高い．一方，コントラストの小さなものになるとどんなに明るくとも認識できない．すなわち，明るさが十分であってもコントラストの大小によって，対象物の認識の成否が変化

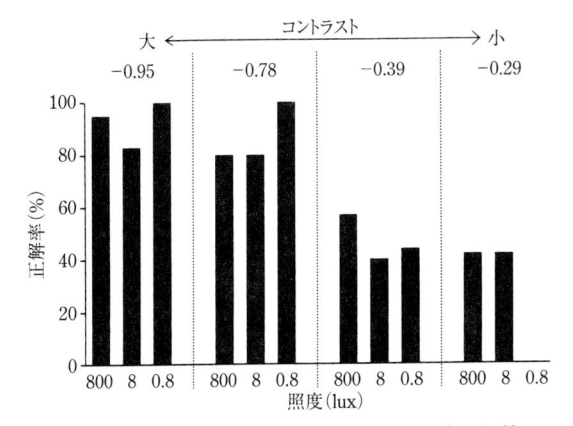

図 5.17 コントラスト別の明るさによる正解率の比較．コントラストが大きいと，明るさに関係なく識別できるが，コントラストが小さいと，明るくとも認識できない．（村山，1998 より改変）

するのである．この結果は，上述の網の認知実験の結果を裏付けている．ちなみに，0.8 ルクスという明るさは，ヒトの眼にはほとんど真っ暗に近い（実験していた私自身ですら，どちらのバーをイルカが選択したのかが見えなかったほど）．そのような中でもイルカはちゃんとターゲットを選択できていることから，かなりの低照度でもイルカの眼は機能していることが，ここでも裏付けられたといえよう．

ところで，白黒の対比の感覚について，興味深いことがある．

イルカに図形を識別させるターゲットをつくる際，背景が白地に黒字で図形を描く場合と，その逆に背景が黒地に白い図形や文字を描く場合とがある．これらのどちらのターゲットで実験を行うかは個体によって異なることがある．白地に黒で図形を描いた場合にはさっぱり成果が挙がらなかったのに，地と図を逆転させてやってみたら，訓練が進んだということがある．イルカによって，いわゆる地と図で，見やすい白黒の関係があるようだ．

5.9 形態の認識

動物には形はどのように見えるのだろうか．ヒトと同じように見えているのだろうか．

動物がいかに形を認識しているかという形態視の研究は，ハトやチンパンジーにおける数字やアルファベットの認識（Blough, 1982；Matsuzawa, 1990）が代表的なものだろう．これらの知見では，数字やアルファベットの1つずつについて，お互いに似て見えるかどうかを弁別させ，その結果をもとに，多次元尺度構成法にもとづいてその関係がグラフ化されている．それによると，ヒトが似て見えないように感じる文字どうし（たとえば，YとS，5と7など）はハトやチンパンジーも似て見えないらしく，また，ヒトが見間違いやすいような数字やアルファベット（たとえば，QとO，1と7など）は，これらの動物たちも似て見えるといったことがわかった．つまり，ハトやチンパンジーとヒトは数字やアルファベットは同じように見えている，換言すれば形の認識はこれらの動物とヒトは共通していることが示唆されたわけである．

では，イルカはどのように形が見えているのか．

イルカが機能的に視覚を用いていることはすでに述べたとおりであるが，われわれヒトと同じように，四角いものは四角く，とがったものは先端鋭く見えているのだろうか．イルカでは基本的な図形の形態視を検証した知見はほとんどない．そこで私は「円とだ円」についてイルカとヒトの見え方の違いを調べてみた（村山ら，2001）．

対象としたのは鴨川シーワールドのシロイルカである．まず，「円を選ぶ」ことの条件付けを行った．直径20 cmの黒い円が描かれた白い塩化ビニー

図5.18　呈示した円とだ円（一番左は円）．

ル製の板と，なにも描かれていない無地の板とをともにL字型に曲げて，対にしてプールサイドに垂下した．ちょうど図形の描かれた部分が水面下になるように呈示し，選択時に被験体が顔を上げる動作を不要とした．そうすることで実験者による余計な刺激を手がかりとする可能性が低くなるからである．準備ができたところで，プールの反対側で待機しているシロイルカに指示を出し，ターゲットの垂下されているほうへ泳いで向かわせ，そこで円が描かれたほうのターゲットを選ぶようにした．

その後，いくつかの調整段階を経て条件付けが終了し，テスト試行として円とさまざまなだ円（図5.18）を対にして呈示し，二者択一でどちらを選択するか実験した．

その結果が図5.19Aのようになった．長径と短径の差が小さくなる（比の値が1に近づく）につれ正解率が低下している．比が18：16.5（比の値が0.92）まで，イルカは円とだ円を識別し，円を正確に選んだが，18：17（同0.94）になると正解率が落ち，円との区別がつかなくなったことがわかる．イルカは案外，円とだ円の区別ができるのだと思うが，しかしそれはあくまでも主観的な印象である．そこで客観的な評価をするため，同じ方法でヒトで実験をして比較してみた．ヒトには条件付けはいらない．「円を選んで」という一言で済む．ただ，図形の呈示時間を厳密に設定しても，同じ被験者で何度も実験を続けていくと次第に目が肥えてくるため，選択がどんどん精度のよいほうへずれていく．そこで同じ被験者に10回試すより，異なる10

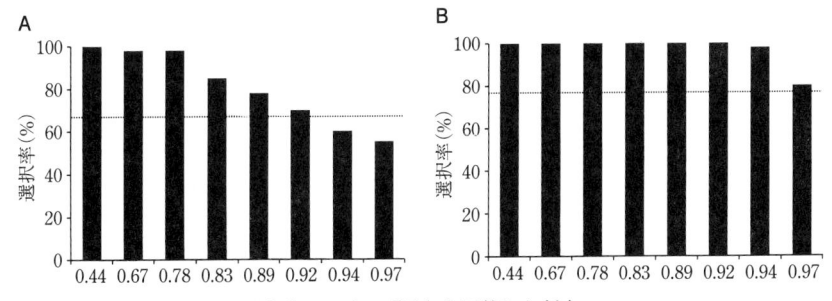

図5.19 円とだ円の識別実験における「円」と回答した割合．
A：シロイルカ，B：ヒト．破線は有意な値を示す（二項検定，$p<0.05$）．（村山ら，2001）

人の被験者に 1 回（試行）ずつ参加してもらうことにした．図 5.19B がその結果である．イルカの結果よりも 1 段階円に近いところまでを円と判断しているが，しかし，イルカと格段の違いがあるとまではいえない．

このことから，イルカもヒトも，少なくとも円とだ円は同じような見え方をしていることがいえる．

5.10　ないものが見える？

（1）補間

ものというのは，常に完全に見えているわけではない．むしろ，不完全に見えているのがふつうである．電柱に遮られた人影，車の陰からまた車……もしも，ものが完全な姿・形でなければわからないようなら，われわれの周りには見たことのないものばかりになってしまう．しかし，われわれはいつもそうやって隠された部分をなにかしらのやり方で補って，その全体の形を判断，認識している．このような操作を知覚的補間という．

さて，動物はどうであろう．動物の補間に関する研究は少なく，チンパンジー，アカゲザル，マウスなどで実験例が見られる（藤田，1998 が解説）．

イルカではどうかというと，ほとんど報告がない．もちろん，イルカもその生態においては見えない部分を補間して把握しなければならない機会はたくさんあるはずである．岩陰に隠れ，頭と背中だけしか見えないシャチを見つけたとき，姿が全部見えないからといって，それを天敵のシャチと思わないイルカはいないだろう．また，海藻の陰になって，一部が欠けて見えるイワシを餌だと思わないイルカもいないだろう．そこで私はイルカの補間について予備的な実験を行ってみた（村山，2003）．

実験は江ノ島水族館（現，新江ノ島水族館．神奈川県藤沢市）でカマイルカを対象として行った．まず 1 本と 2 本の直線（図 5.20A）を呈示し，そのうち 1 本のほうを選択するよう条件付けをした．そして，条件付けが完成したところで，各直線の一部が切れた直線（図 5.20B）をそれぞれ対にして呈示した．すなわち，強化試行は条件付けと同じ試行（切れていない直線どうしの比較）とし，そこに何度かに一度の頻度でプローブ試行として図 5.20B

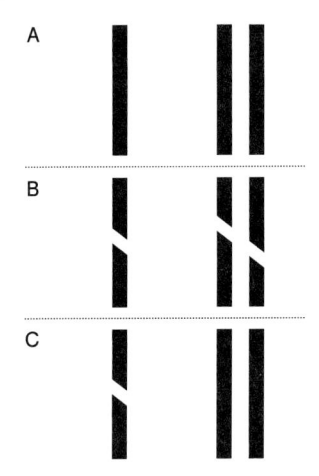

図 5.20 カマイルカにおける補間の実験で呈示した刺激図形. A：どちらも切れていない, B：どちらも切れている, C：1本線のみ切れている.

の図形の組み合わせを呈示した.

切れ目の位置を変えて，全部で 12 通りの組み合わせで呈示したが，その結果，すべて（100%）切れた 1 本線のほうを選択した．このように，直線のどこが切れていても 1 本線のほうを選択したということから，イルカは切れた部分を補間して判断したという解釈は可能かもしれない．しかし，試行の回数が 12 回と十分ではないうえ，試したのがこの直線だけであるので，補間についてはまだ断言はできない部分も多い．

ただ，ここで 1 つ興味深いことが起きた．

上記の実験をする前に，強化試行に混ぜて図 5.20C のように，1 本のほうは途中が切れていて，2 本のほうは切れていない組み合わせを呈示してみた．すると，強化試行，すなわちともに切れていない場合には必ず条件付けどおりに 1 本のほうを選択するのだが，図 5.20C の組み合わせを呈示すると，必ず切れていない 2 本のほうを選択した．強化試行は高い正解率が維持されているのだから，条件付けが崩れているのではない．なぜだろう．

その解釈は難しいが，あえて擬人的な表現を用いると，被験体は図5.20Cの図形が呈示されたとき，それを今まで条件付けされてきた一連の課題ではなく，新しい課題と判断したのかもしれない．確かにその図形は被験体にとっては初めて見せられる刺激であるから，それを「別な課題」「新しい課題」と思っても不思議ではない．そこで被験体はそれらの刺激のどちらかを選択しなければならないと考え，その判断の基準として"採用"したのが「見たことがある」「見慣れている」だったのではなかったのだろうか．2本線のほうは，条件付けで何度も見せられた図形である．そこで被験体は「新たな課題」である図5.20Cでは，切れていない2本線，つまり見慣れた図形を選択したのかもしれない．

　これも，「3.2（4）はたして間違いか——イルカなりの解決法」で紹介したことと同様，イルカなりに考えた解決方法の1つだろうか．

（2）錯視

　対象物や状況が，実際のそれらと異なって感じる生理現象に「幻覚」と「錯覚」がある．このうち，視覚による場合のことをそれぞれ「幻視」「錯視」という．ただし，「幻覚」や「幻視」はその時々の個体（ヒト）の精神状態や病的要因によって生じる現象であり，視覚の現象とは異なるので，ここでは取り上げない．それに対して「錯視」は多くのヒトが通常の心理状態，知覚状態で一般的に経験している現象である．また，それが「ひずんでもいないし，変形もしていない」などとタネあかしをされても，やはりそう見えたり聞こえたりしてしまうのが錯覚（錯視）の特徴である．

　さまざまな錯視の図形がある（図5.21）．これまでいくつかの動物でこういった図形について錯視を起こすかどうかが調べられている（たとえば，Fujita et al., 1991；Nakamura et al., 2006, 2008；Suganuma et al., 2007 など）．しかし，イルカが錯視を起こすかについては検証されたことがない．そこで私は伊豆・三津シーパラダイス（静岡県沼津市）で飼育されているバンドウイルカにおいて「エビングハウス錯視」について実験を行った（Murayama et al., Submitted）．

　図5.22は実験に用いた図形例である．図中の黒円はいずれも同じ大きさであるのだが，図5.22Aのほうの黒円のほうが大きく見える．この錯視に

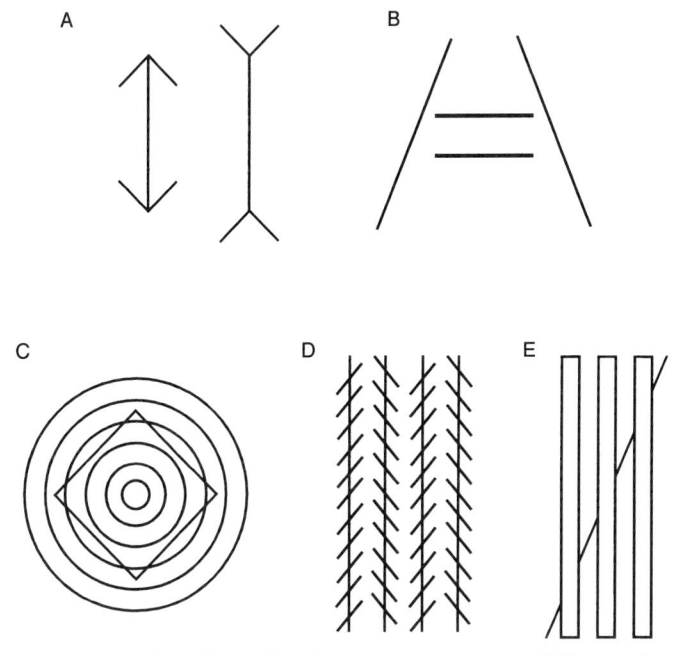

図 5.21 さまざまな錯視図形の例. A:ミュラー・リヤー錯視, B:ポンゾ錯視, C:オルビゾン錯視, D:ツェルナー錯視, E:ポッケンドルフ錯視.

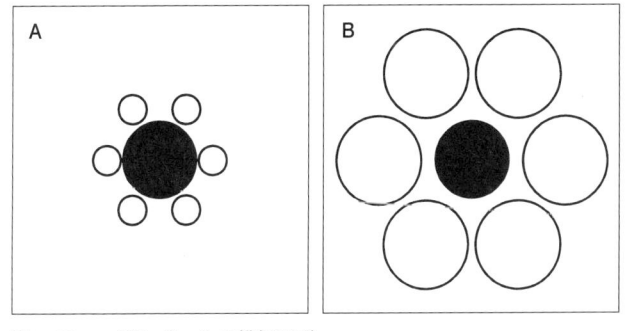

図 5.22 エビングハウス錯視図形.

ついては，ハトはBのほうが大きく見えるらしく，ヒトとは異なる錯視を行うことが報告されている（Nakamura et al., 2008）．はたしてイルカはどうだろう．そもそもイルカは錯視を起こすのだろうか．

　まず，大きさの異なる2つの円を呈示し，二者択一によって直径の大きなほうの円を選択するように条件付けを行った．それが獲得できたあと，何段階かの条件付けを経て，エビングハウス図形，すなわち図5.22のように同じ直径の円の周囲を2種類の白い円が囲んでいる図形を呈示した．ここまで被験体は2つの円のうち大きな円を選ぶことを学習しているので，呈示されたこれらの図形のうち被験体が有意に選択したほうが，被験体が「大きい」と見えたほうの図形になる．

　この実験では空気中に刺激を呈示し，イルカは顔を上げて空気中で図形の描かれたターゲットに吻先でタッチして選択するというやり方をとった．ちなみに，選択のさせ方は被験体のふだんの訓練履歴により最も適切と考えられるやり方が採用された．被験体にとって慣れないやり方を強要すると，かえってよけいな刺激が入りやすいうえ，動物も混乱しやすい．

　本実験では被験体は水面から首を上げて待機しているので，ターゲットの交換などが見破られてしまう可能性がある．そこで，毎回，被験体の見えないところでターゲットを交換したり，あるいは交換するフリをするなどの工夫を講じた．

　実験は，まず強化試行として明らかに大きさに違いのある円の組を何度か呈示し，それに混ぜてプローブ試行として錯視図形（図5.22）を呈示した．条件付けでイルカは必ずどちらかに大きい円があることを学習し，そう思い込んでいるので，そこに同じ大きさの錯視図形を呈示しても，イルカはどちらかが大きいと考えて選択するはずである．さて，実験の結果，被験体は有意に図5.22Aのほうを選択した．つまり，被験体にとってそちらの円が「大きく見えた」ということになる．ちなみに，プローブ試行における強化の仕方は全消去（被験体がどちらの図形を選択しても強化をしない）と全強化（どちらを選択しても強化をする）の2通りのやり方を行ったが，どちらの強化方法でもほぼ有意な選択をした．なお，このとき強化試行の値も高い正解率を維持しているので，条件付けは維持されていると考えてよい．

　これらのことから，少なくともエビングハウス図形に関しては，イルカも

錯視を起こすことが示され，しかもヒトと同じような見え方の錯視をすることが明らかとなった．

5.11 色の感覚

（1）視細胞と吸収スペクトル

　視覚の話の中で最も関心を持たれる話題の1つに色彩感覚がある．イルカは色がわかるのか……誰しもが持つ疑問を反映するように，色覚に関する研究は1980年代から幾度となく行われてきた．しかし，いまだに確固たる結論が出ていない．

　解剖学的に見ると，網膜中の視細胞には色の感覚に関与するとされる視細胞の錐体は存在している．しかし，その数はもう1つの視細胞である桿体（暗いところで機能する視細胞）に比べ，圧倒的に少ない（私の概算では，最も高密なところでも錐体：桿体＝1：40くらい）．しかし，その錐体の吸収スペクトルを測定すると，特定の波長域でピークが見られる（たとえば，

図5.23　バンドウイルカにおける無彩色の弁別．中央の色によって左右，いずれかのターゲットにタッチする．（しながわ水族館にて撮影）

Madsen and Herman, 1980). すなわち,その波長の色を視細胞(厳密には色素)が吸収していることになり,色覚の可能性が考えられる.だが,実際に行動実験によって特定の色を識別できたとする証拠は得られていない.さらに近年の遺伝子による検証(Koito *et al.*, 2010)では,従来のスペクトル解析とは正反対の結果まで出ており,ますます混沌としている.本章冒頭でも紹介したように,そもそも水中では波長の吸収が大きく,ちょっと潜ればそこは色のない世界である.また,外洋に出てしまえば,周囲に色のあるものはなにもない.大海原で暮らすイルカたちがいろいろな色を知覚できるとは考えにくい.

(2) 無彩色の弁別

一方,無彩色の感覚についてはどうだろう.

陸上に比較して光の乏しい水中に暮らすイルカ類において,白や黒の色合いの認識はわれわれヒトと同じなのだろうか.そこで無彩色の認識について実験的な検証を行った(金野ら,2005).実験場所はしながわ水族館(東京都品川区)である.

まず,条件性弁別によって,図5.23のように中央に見本として白または黒の色を呈示し,白の場合には左側のターゲットを,黒の場合には右側のタ

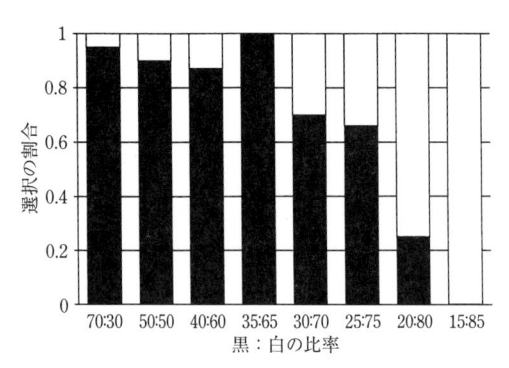

図5.24 白・黒の比率別の無彩色の選択率.白と黒の混合の比率の変化に伴って選択も変化している.
■黒を選択,□白を選択.(金野ら,2005より改変)

ーゲットを選択するように条件付けを行った（なお，選択肢である板には「B」「W」の文字が描かれているが，この実験ではそれらのターゲットの位置は固定したので，被験体は描かれた記号（文字）ではなく，位置で選択したと考えてよい）．そしてその条件付けが完成したら，中央に白から黒まで段階的に濃度が変化する灰色を呈示し，それぞれ白（右側のターゲット），黒（左側のターゲット）のどちらを選択するかを調べた．結果は図5.24のようになった．中央の灰色のターゲットが白から黒へ段階的に変化していくにつれて，イルカの選択する割合も白から黒へと段階的に変化しているのがわかる．すなわち，ヒトと共通の認識であるといえる．この実験の原理はチンパンジーにおける色の認識（Matsuzawa, 1985a）の実験と共通であり，同じ色を見せたときの反応の仕方を動物とヒトで比較して，認識の相違を理解するものである．イルカでの実験結果から，白から灰色，黒といった無彩色に関してはイルカもヒトと同じような認識をしていることが明らかとなった．

第6章　記憶と概念
　　　——どのように認識しているのか

　イルカの視覚にはヒトと共通の特性があることが明らかとなった．こうしてイルカもヒトと同じような見え方をしている部分があることがわかったところで，次の段階として，そのような外界から光情報はどのように認識されているのだろうかということを考えてみたい．

　外界からの情報はさまざまに表象されて，蓄積されていくはずである．その表象の構造や蓄積の過程にはどんな特徴があるのだろうか．同じものを見ても，あるいは同じ刺激が与えられても，それをどう感じるかは動物によって異なるかもしれない．海の中という，ヒトとは異なる環境に暮らすイルカたちは，はたしてヒトと同じ認識をしているのか，ここではイルカにおけるさまざまな認識の仕方，情報の貯蔵や編集の仕方を見てみたい．

6.1　記憶

　多くの学生にとって英語は苦手な科目である．試験の前日ともなると，アルファベットが無作為に並んだだけのようにしか見えない単語を懸命に覚えようとする．でも，そうしてせっかく覚えた単語を眠って忘れてしまっては一大事なので，そのまま徹夜したり明け方起きだして復習したりと，それはそれはたいへんな苦労である．しかし，いざ試験場に臨むと，あれほど覚えていたはずの単語が出てこない，あるいはよけいなおしゃべりをしているうちに肝心の単語をど忘れしてしまうなどという事態も起きる．「あんなに勉強したのに」……ついつい嘆息も漏れてしまう．

　このように，記憶は「覚えて（銘記）」「保持して」「思い出す（検索）」という一連の段階から成り立っている．われわれはものを考えたり，なにかを

選んだりするとき，自分の記憶をたどって過去の経験やら情報やらを材料として判断している．換言すれば，われわれの高度な知的特性は，いくつもの「記憶」（あるいは「表象」）を礎として組み立てられている．

動物の記憶については，これまでアリのような小動物から類人猿に至るまで，さまざまな種において実に多くの研究が行われてきた．もちろん複雑で高度な知的特性を有するとされるイルカについても，その例外ではない．そこで，イルカを対象として行われたこれまでの記憶研究について少しのぞいてみよう．

イルカの系統的な記憶の研究は1970年代後半ごろから始められた．

まず短期記憶に関して．一般に，記憶時間は「遅延見本合わせ」という方法によって調べることができる．遅延見本合わせ実験とは，見本合わせ実験のうち，見本が呈示されてから比較刺激が呈示されるまでに一定時間（遅延時間という）をあける方法で，その時間をさまざまに変えたときの正解率や選択率などを調べる．遅延時間が長くとも正解の反応ができれば短期記憶が優れていることになる．

バンドウイルカで行われた実験では，呈示されたものが視覚刺激の場合には正解時の最長の遅延時間は80秒，聴覚刺激（音）の場合には240秒という結果であった（Herman and Thompson, 1982）．他の動物の例を見てみると，音を刺激としたフサオマキザルで最長9分（D'Amato and Worsham, 1972），視覚刺激を用いたハトでは最長1分という報告がある（Grant, 1976）．

しかしながら，これらの結果だけで単純に短期記憶の優劣を判断することはできない．上述のように，遅延見本合わせ実験では，見本呈示から比較刺激呈示までの間にさまざまに時間があけられるので，その間に動物の集中力が低下する．見本を見せられたあと，なかなか選択肢が出てこなければ飽きてしまったり，待ちきれなくなることもあるだろう．したがって，ここで紹介した数値が必ずしもその動物の記憶力の上限を示しているとはいいきれないわけである．ただ，この遅延見本合わせ実験というものは動物にとっては高度な課題であるので，待たされる時間の長短はともかく，この実験が可能であること自体がその動物が高度に知的であることを示していることは間違いない．こうした短期記憶や作業記憶に関して行われた実験の結果，イルカは視覚刺激に関しても聴覚刺激に関しても記憶はよく発達していることが明

らかになっている.

　では，その記憶の仕方にはどのような特徴があるのか．イルカの記憶の貯蔵にはヒトとも共通した特徴が見える．それを表すこととして「系列位置効果」と「干渉」を見てみよう (Herman, 1980).

　バンドウイルカで行われた系列位置効果の実験 (Thompson and Herman, 1977) では，まず，被験体にいくつかの音を連続的に聞かせる（以下，これを「音のリスト」とする）．そしてテスト刺激としてある音を聞かせ，それが事前に聞かされた音のリストにあるかどうかを答えさせるという方法であった．そのとき，リストの音の呈示順番と正解率との関連が調べられた．そのうち，最多で8つの音を順番に聞かせていった実験では，バンドウイルカはその音のリストの後半の音ほど正解率が高い（つまり，よく記憶されていた）という新近性効果が認められた．実は，これはわれわれヒトでもよく経験することである．長いものを覚えようとしたとき，最初と最後のことは覚えているけど，中間のものは忘れてしまったという経験は誰にもあるだろう．

　次に，「干渉」は，一般に，ある事柄が，それに引き続いて異なる（無関係な）刺激が呈示されることによって，その再生が影響を受けることである．バンドウイルカの実験 (Herman, 1975) では，見本として3または7.5 kHzの音を呈示したあと，その遅延時間中に1または10 kHzという音を聞かせた．その後に呈示された比較刺激のうちから，見本と同じ音を正確に選択できるかが調べられた．その結果，途中でまったく別な音を挿入されたことによって，見本でどちらの音を聞かされたのかがあやふやになり，記憶の再生が低下した．これを逆向性干渉と呼ぶ．これも，われわれヒトも身に覚えのある現象である．なにかを覚えている最中に，横からまったく関係ない話をされると，なかなか覚えられなかったり，せっかく覚えたことを忘れてしまうといったことはよくある.

　このように，イルカの記憶の構築や貯蔵の仕方は，ヒトとも共通していることがわかる.

　動物の記憶については，ホシガラス (Vander Wall, 1982) が，餌としているマツの実をかなりの数，長期間あちこちの場所に隠しておけることが長期記憶の顕著な例として紹介される．しかし，これ以外にも，カラスは意地悪をされたヒトの顔を半年忘れないとか，あるいは盲導犬が何年ぶりかで会っ

たパピーウォーカーの家族の顔をちゃんと覚えているとか，動物がいったん覚えたことをなかなか忘れないという現象は，実は，案外日常的によく見られるのではないだろうか．イルカでも系統だった実験例はないが，水族館のトレーナーが，何年も前にイルカに教えた種目のサインをある日突然やってみたら，イルカは1，2度間違えただけで，すぐに正しい行動をしたという話をよく耳にする．また，私はシロイルカに言語を教える研究で（「第8章 言語——イルカに『ことば』を教える」参照），かなり複雑な課題を教え込んでいる．もちろん，それは私が実験をするとき以外には，シロイルカがふだんの生活で行っているようなものではないし，水族館のパフォーマンスとも関係がない行動である．非常に複雑な課題で，そのように日常的に練習もできないようなことを6カ月間まったく行わずにいて，ある日突然やらせてみた．すると，ほとんど間違えることなくそれを遂行することができた．これもイルカの長期記憶を示す一例だろう．

　このように，動物の長期記憶は優れていると考えてよいのではないだろうか．われわれの知らないところで，きっとさまざまな学習経験を長く記憶して，動物たちは日々の暮らしを生き抜いているのであろう．

6.2　イメージの編集——心的回転

　仕事や勉強で疲れた夜には，飲み物片手に寝ころびながらテレビでも見るのが心地よい．ちょっと見にくいけれども，そんな格好でも画面に映っているドラマのストーリーや野球の展開はちゃんとわかる．

　われわれは少しくらいものが傾いていても，それがなにであるかを正確に認識することができる．実際，ちょっと傾いたぐらいでそれがなにかわからなくなるようでは，街は知らないものだらけになってしまう．このように，なんらかの変換操作が施されても対象を正しく認識できることは不変性と呼ばれる．

　不変性に含まれる現象はいくつかあるが，その1つに「心的回転」と呼ばれるものがある．すなわち，回転している（傾いている）対象はどのように認識されるかということを表す．心的回転について，ヒトで行われた実験 (Shepard and Metzler, 1971) では，ある立体図形を一対で呈示して，回転

させると同じ図形になるかどうかということを答えさせるものだった．このとき，それぞれの回転角度と選択に要する時間（反応時間）との関係が調べられた．その結果，回転する角度が大きくなるにつれて，反応時間も長くなることが明らかになった．確かに，われわれは少しくらい傾いたものはすぐに理解できるが，それがほとんど逆さに近いくらいひっくり返ったら，すぐにはわかりにくいだろうことは経験的に想像できる．また別の実験では，ある回転した文字を呈示し，それが正像（を回転したもの）であるか鏡像（を回転したもの）であるかを答えさせ，やはり反応にかかった時間と回転角度との関係を調べている（Cooper and Shepard, 1973）．このように，回転した図形の異同を判断するとき，われわれはまず正立した図形を頭に思い浮かべ，それをイメージの中でぐるっ，ぐるっと回転させて同じか違うかを考える．したがって，回転角度が大きくなるほど考えるのに時間がかかり，また，間違いやすくもなるわけである．

　では，動物ではどうだろう．動物における心的回転については，陸生の動物ではハト，ヒヒ，チンパンジーなどで報告がある．ハト（Hollard and Delius, 1982）の例では，まず，3つの図形（図6.1の0度の組み合わせ）が呈示される．3つはいずれも正立した図形であるが，両端の図形のうち，一方は中央の図形と同じもの，もう一方は中央の図形の鏡像である．被験体のハトは左右の図形のうち中央と同じ図形を選択（つつく）すれば強化される．次に，中央の図形は正立のまま左右の図形を一定角度ずつ回転させていき，中央の図形と同じほうの図形を選択させる．その際の反応時間と正解率を調べるのである．ヒヒやチンパンジーでも心的回転の実験がなされているが，多少実験方法が異なり，呈示図形が2つで，それぞれを回転させて選択させるやり方をしている．

　こうした方法で調べられた結果，これらの動物では特徴的な結果が見られた．上述のハトの場合では，回転する角度が大きくなっても反応時間に変化が見られなかった．どんなに図形が回転していても，判断する時間は変わらなかったわけである．チンパンジーでも，回転角度が増加しても反応時間があまり変わらなかったが，ただ，90度回転した場合だけ極端に反応に時間がかかった（藤田・松沢，1989）．ヒヒでは呈示された見本の左右の位置により，反応時間の変化に違いがあった（Hopkins et al., 1993）．

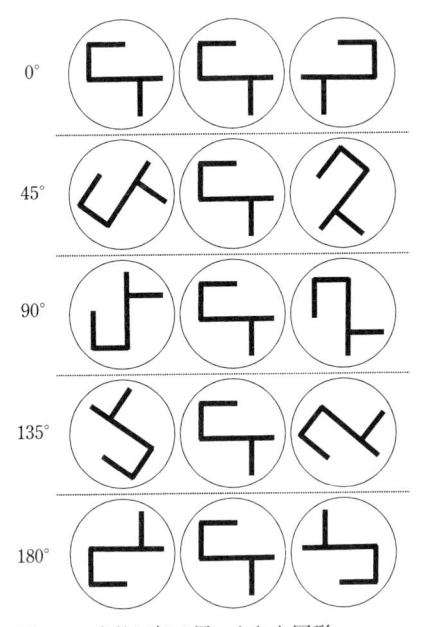

図 6.1 心的回転で用いられた図形.

　さて，これらの動物では，いずれもヒトの結果と大きく異なっているが，その理由は生態的な要因と解釈できる．すなわち，空を自由自在に飛びまわったり，木々を上になったり下になったり，自由に動きまわるこれらの動物にとっては，ものが回転して見えることはふつうの現象であるから，そういうものを認識する機構が発達しているのかもしれない．

　では，イルカはどうであろうか．DVD やテレビ番組などではよくイルカが海の中を泳ぐ光景が紹介される．水中を上下左右と変幻自在に泳ぎまわる姿は，なんとも優雅で心が癒されるものだ．また，イルカと一緒に泳いだことがある人はおわかりだろうが，ときには，こちらの動きに合わせるようにくるくる回転したり，きりもみ状になりながら泳いでくれることもある．そんなイルカにとって，回転した対象はどのように見え，どんなふうに認識されているのだろうか．

　私は鴨川シーワールドのシロイルカを用いて心的回転に関する予備的実験を行った（村山・鳥羽山，1995；Murayama and Tobayama, 1995）．用いた

図形は上述のハトの実験と同じもので，3枚の図形の呈示の仕方も同じである．ただしイルカの場合，常に実験をしているのは海水の水槽であるため，陸上動物の場合のようなパソコンやディスプレーといった電子機器を用いた刺激の呈示や実験の操作はできない．そこで図6.2のように，水中窓のある水槽のガラス面に3枚のアクリル製のターゲットを貼り付けて呈示し，3枚のうち中央と同じほうの図形を選択するよう条件付けを行った．そして，それができたら，両脇の図形を45度，90度，135度回転させ（図6.1参照），中央の見本刺激（正立）と同じ図形を選択できるか，その正解率を調べた．刺激の回転は円形のターゲットに45度ずつ穴を開け，そこをフックに引っかけて回転させていく（図6.3）という方法を工夫した．

さて，いざ実験をしてみると，被験体がガラス面の前で首を振って左右の刺激を見比べる光景が見られ，選択している様子がよくわかった（図6.4）．このとき，被験体はガラス面の対岸側から泳いできて，あらかじめガラス面に呈示されているこれら3枚の図形セットから選択する方式であり，実験者は隠れて見えない位置にいたため，実験者の影響は排除されていると考えてよい．しかし，泳いでくる途中のどの時点でこれらの刺激を視認したのかははっきりしない．したがって，反応時間については測定することはできていない．

実験は2段階に分けて行った．まず，回転していない角度（0度）の場合だけを学習させて，テスト試行では45度，90度，135度と回転させた．次に，0度のほかに45度についても学習させたあと，テストでは0度，45度（いずれも強化試行），90度，135度について行った．その結果，いずれの場合も図形を45度ずつ回転させて呈示した結果，回転する角度が大きくなるにつれて，正解率が低下していった（図6.5）．しかし，この2つのやり方で顕著な違いが出た．最初の実験のほうは，角度が大きくなるとすぐに正解率が下がったが，あとのやり方のほうでは正解率の下がり方がゆるやかであった．これはどうしたのだろう．おそらく，0度しか学習していない場合には，45度，90度……と回転した図形は，別の図形と判断したのかもしれない．つまり，もとの図形が回転したものだという認識がなかった．これに対して，0度と45度を教えた場合には，被験体は「もとの図形が回転する」ということを学習したのではないだろうか．この場合のその後の角度の正解

図 6.2 ガラス面に貼り付けられた心的回転図形.

図 6.3 呈示したターゲット. 45 度ずつ回転できるようになっている.

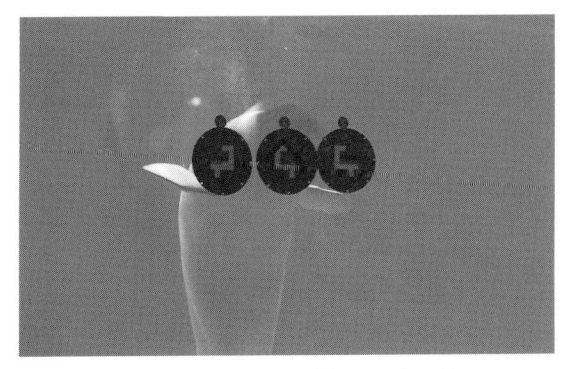

図 6.4 呈示ターゲットの選択（吻タッチ）.（鴨川シーワールドにて撮影）

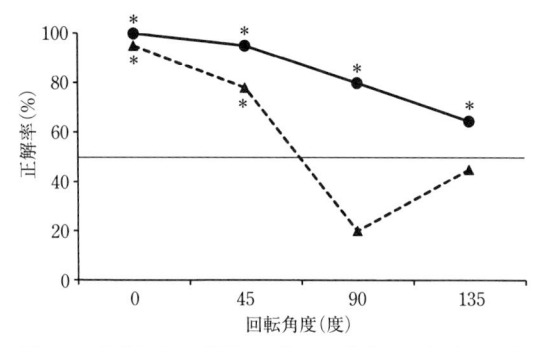

図 6.5 心的回転の結果．0 度，45 度まで回転することを学習させたほう（●）が，その後の回転角度に対しても成績がよい．＊は有意な正解率（$p<0.05$，二項検定），実線は偶然正解率（50％）を示す．（村山・鳥羽山，1995 より改変）

率の下がり方を見ると，心的回転をしている傾向が見える．

　イルカにおける心的回転はバンドウイルカにおいても行われているが，やはり角度が大きくなるにつれて正解率の低下や反応時間の伸長が見られることが報告されている（Herman et al., 1993）．あれほど海の中を上下左右に自由に泳ぎまわるイルカであるから，ものがさまざまな角度で見えることは日常茶飯事のことなので，したがって回転図形の認識なんかお手のもので，回転してもすぐに弁別ができ，結果はハトやヒヒの結果に近いものだろうと，私は想像していた．しかし，実際にはまったく異なった結果となり，むしろヒトに近い傾向であった．なぜだろう．

　同じく海獣類であるカリフォルニアアシカでも，ヒトで用いられた図形と同じ刺激を用いて心的回転に関する実験が行われた（Mauck and Dehnhardt, 1997 ; Stich et al., 2003）．その結果，やはりイルカと同様に，回転角度の増加に比例して反応時間が長くなり，失敗の割合も増加していった．水中ではアシカ類もイルカと同じように変幻自在に動きまわるが，それらがともに同じような結果であったことは，海獣類に共通した特性があると考えてもよいかもしれない．これらの知見では「水面」を基準の 1 つに挙げている．確かに，アシカは餌を食べるのは水中（サカナやイカが主食）であるが，繁殖や休息といった行動は陸上で行っている．また，イルカ類も水中を泳ぎま

わるだけでなく，スパイホップと呼ばれる行動（頭部を水面から垂直に出し，回転しながら周囲の様子を見回すような行動）に見られるように，ときとして空気中の様子をうかがったりすることもあれば，空気中に顔を出したままこちらを見ているようなときもある．空気中では決してトリのように天高く地上を見下ろしたり，逆さになったりすることがないわけだから，空気中で彼らの見る世界はわれわれヒトの見る世界と似ているのではないだろうか．したがって，そういった動物にとっては対象物の視認の基準が空気と水との境界，すなわち「水面」になっていると考えることができそうである．

6.3 数の認識

宴会を企画するとき，幹事は参加者の数に応じて料理や酒を注文する．しかし，当日になって飛び込みの参加者がいたりすると，料理は十分か，お酒は足りるか……と幹事は頭を痛めることになる．人数がどれだけいるのかは，幹事にとって最後まで重要な問題である．

群れで生活しているイルカたちにとって，多くの個体が集団でいる利点はいくつかあるが，餌の探査もその1つである．多くの個体がいれば，誰かが餌を見つければそれが仲間に伝わるので，効率のよい探餌ができる．しかし，利点の裏返しに欠点がある．つまり，多くの個体がいると餌は見つけやすい反面，自分の取り分がそれだけ減ることにもなる．宴会で割り勘負けをしないように飲んだり食べたり張り切る人がいるように，仲間の数によっては餌をめぐって奮闘するイルカもいるかもしれない．このほか，敵に襲われたときも，相手の数が把握できることは自分の身を守るのに重要な能力になる．自分の群れの仲間が多いのか，はたまた襲ってくるシャチやサメはたくさんいるのか……．

これらのことを考えてみると，イルカに数の多少，すなわち数的な概念が形成されていてもおかしくない．はたして，イルカは数的能力があるのだろうか．

動物が数を理解できるかを調べた研究は数多い．すでに多くの参考書などでおなじみのオウム（たとえば，Pepperberg, 1999），チンパンジー（Matsuzawa, 1985b）は，直接，数を計数した例であり，このほかに霊長類では

数の大小を理解したり，簡単な計算能力があるなどの報告がある．ハトでも数の弁別の例がある．また，ラットでは数ではなく，順番を覚えた知見が報告されている（数の認識に関する知見は枚挙に暇がないが，たとえば Tomonaga, 2008 などを参照）．

さて，イルカではどうだろうか．そこで私は鴨川シーワールドでシロイルカを用いて，数の概念に関する端緒的な実験を行った．

（1）ものによる1つと2つの弁別

実験には，被験体がふだん見慣れているものであるフィンと，実験のために作製した球の2種類を用いた．

まずフィンのほうは，実験者がフィンを1つ見せたとき，被験体は見本を呈示した背方のプールサイドに垂下されている「1」または「2」と描かれたターゲットのうち，「1」のほうにタッチすれば強化された．同様に，フィンが2本のとき（図6.6A）には「2」のターゲットを選択（図6.6B）すれば強化された．このとき，被験体にとっては「1」も「2」も記号でしかないので，数字の意味を理解しているわけではない．また，実験中はターゲットの左右の配置は固定したので，被験体は「位置」を判断の指標にしたと考えられる．しかし，見本に対応して異なる比較刺激を選択するのであるから，象徴見本合わせであることには変わらない．なお，上述のように比較刺激のターゲットは見本を呈示した場所とは反対側に垂下されており，被験体がターゲットにタッチしたのを見計らって，隠れている実験者がマイクで対岸にいる別の実験者（強化者）に報告をするので，選択にヒトが関与する可能性はほとんどない．

呈示の際には，手で持ったフィンの数だけに着目させたいので，フィンを1つだけ呈示するときにも両腕を前に出し，ただしフィンを持たないほうの手は握ったままとした．これで呈示物が「1つ」であっても「2つ」であっても腕から後ろは共通しており，違うのは手に持ったフィンの数だけということになる．

訓練を繰り返すうちに次第に正解率が上がり，やがてほぼ100%に達した．すなわち，被験体のシロイルカはフィンの数に応じて正確にターゲットを選択するようになった．しかし，この段階では「1と2を区別した」とはいえ

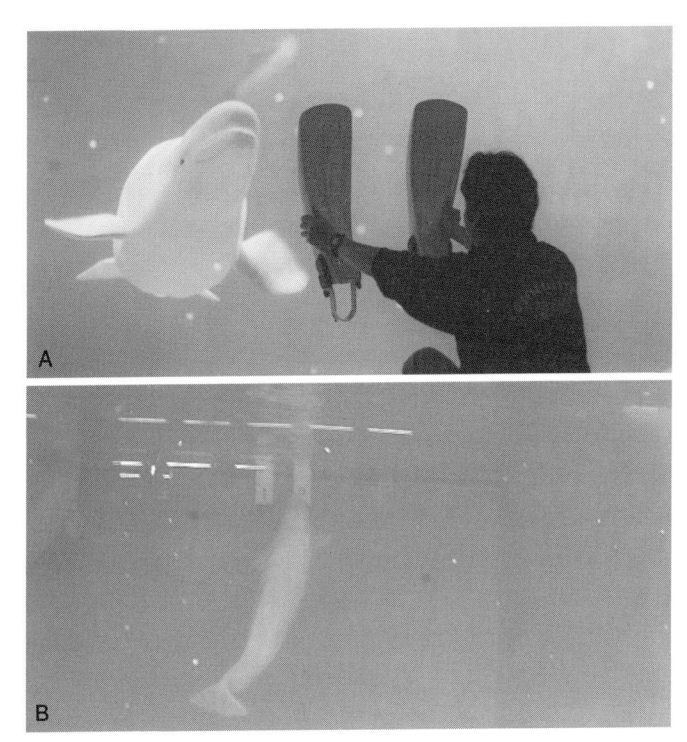

図 6.6 刺激（2本のフィン）の呈示（A）と選択（B）．（鴨川シーワールドにて撮影）

ない．被験体が単に呈示されるフィンのシルエットやパターン（並び方）を1つの図ととらえて，対応するターゲットを選択しているにすぎない可能性もあるからである．そこで，テスト試行としては，上記の実験に数試行に一度の頻度で混ぜて，突然，さまざまに方向や並び方を変えてフィンを呈示した．これならば，全体のシルエットやパターンは初めて見るものになる．その結果は図 6.7（酒井，1999）である．図中の正解率が示すように，フィンをどのような形で呈示しても，正確に呈示されたフィンの数に対応した数字ターゲットを選択した．なお，強化試行の値も高いことから，条件付けは維持されている．これらのことから，被験体がフィンの呈示されたシルエットや並び方といったこと，換言すれば見本のイメージで「1つ」と「2つ」を

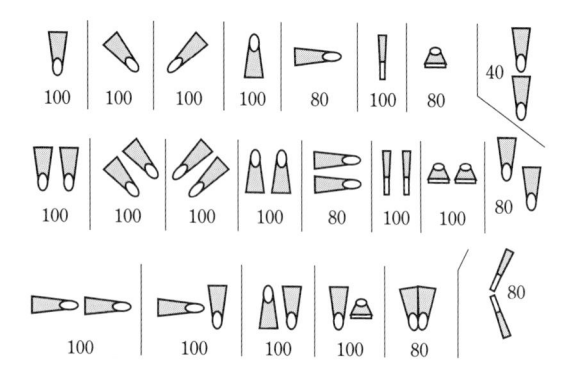

図 6.7 呈示したフィンの状態と正解率（%）．さまざまな呈示の仕方をしても，高い正解率である．（酒井，1999 より改変）

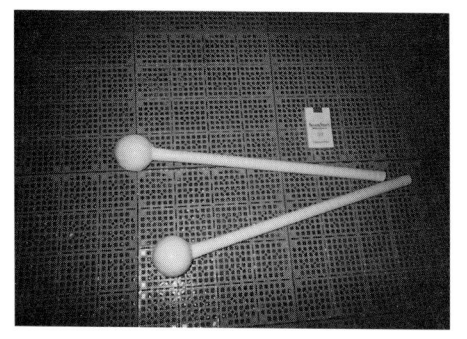

図 6.8 使用した球．この実験のために作製した．

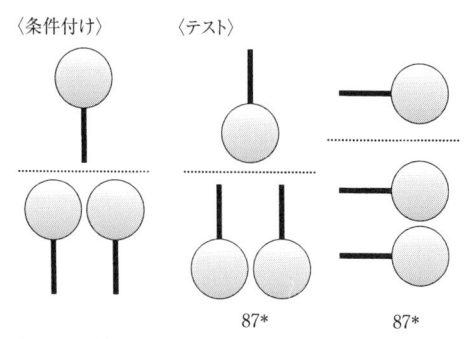

図 6.9 呈示した球の状態と結果．数字は正解率（%）を表す（*：$p < 0.05$）．（Murayama et al., 2002 より改変）

区別していたのではなく，数によって弁別していた可能性が高まったといえよう（Murayama *et al.*, 2002）．

次に球（図 6.8）を用いて同様な実験を行った．これは，この実験のために作製されたもので，被験体にとって初めて目にするものである．条件付けは，見本は球と柄が正立した格好で呈示し，プローブ試行はそれを横，逆さにした形で呈示した．その結果，どんな向きで球を呈示しても，やはりいずれも高い正解率であった（図 6.9）．

これらの実験から，被験体はここで用いたもの（フィン，球）について，少なくとも「1つ」と「2つ」の弁別はできていると思われた．そこでさらに応用として，対象物の種類を増やして実験を行った（亀井，2002）．用いたものはこれまで用いてきたフィン（フィン a とする）のほかに，そのフィンと大きさや形が少し違い，被験体は初めて見るフィン（フィン b とする），トレーナーがふだんかぶっている帽子，同じくふだんからはいている長靴である（図 6.10）．実験の方法は基本的には上述の実験と同じである．まず，フィン a はすでにこれまでに何度も実験して見慣れているし，数の弁別もできているので，それを強化試行として，3度に1度の頻度でフィン b，帽子，長靴をそれぞれ1つまたは2つを手で呈示した．

その結果は図 6.11 である．ものが代わってもフィン b，帽子，長靴のいずれについても正確に数に応じた反応を示した．

（2）幾何学模様による弁別

次いで，上記の実験を一般化するため，見本を具体的なものではなく，幾何学的な図形に変えて行った．具体的なものよりも選択する際の手がかりとなる可能性を少なくするためである．

実験では白い塩化ビニール板に黒で円形のドットを描いたものを見本とした．

まず，ガラス越しに実験者が見本としてドットが「1つ」か「2つ」描かれたターゲットを手で持ちながら呈示し，被験体はガラス面に貼り付けられた同じ数のドットを選択すれば正解とした．しかし，このままではドットの描かれた位置や大きさ（面積）を記憶して選択している可能性があるため，選択肢（比較刺激）のほうはドットの位置，大きさを変えたものとした（図

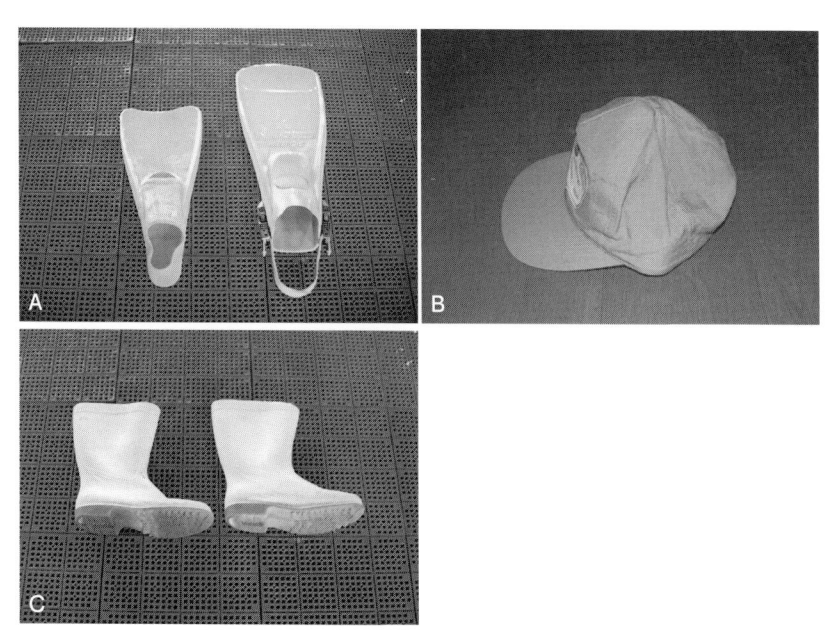

図 6.10 呈示したもの．A：フィン a（右），フィン b（左），B：帽子，C：長靴．

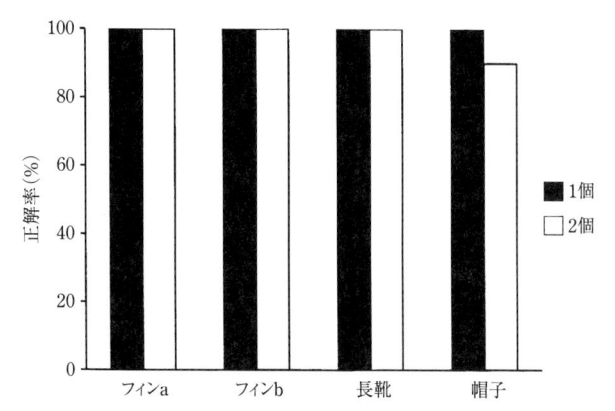

図 6.11 新規なものに対する数の弁別．フィン b，長靴，帽子は被験体にとっては新規なものであるが，1 個呈示しても 2 個呈示しても，高い正解率である．（亀井，2002）

見本刺激　　　比較刺激

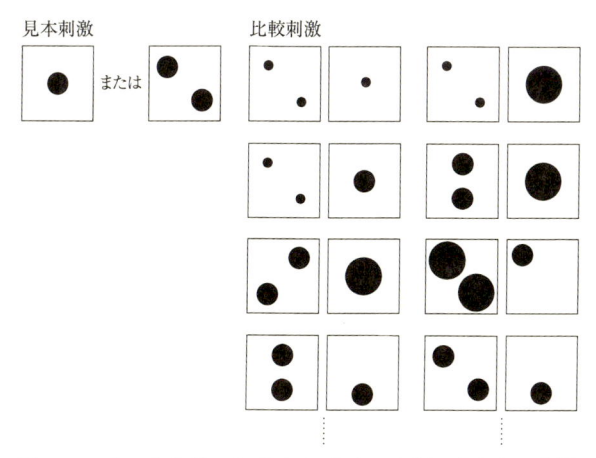

図 6.12 ドットを用いた「1」と「2」の弁別．大きさや位置の異なるドット図形から，見本と同じ数の図形を選択する．

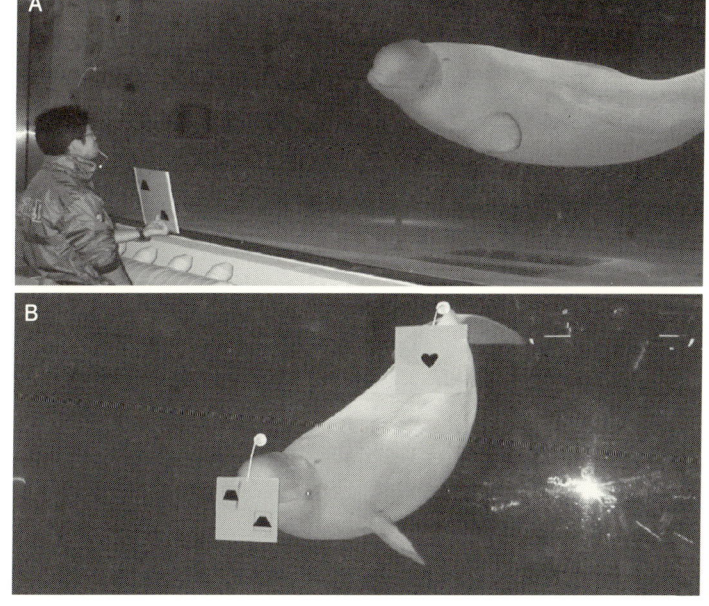

図 6.13 図形による数の認識．見本を呈示し（A），それと同じ数の比較刺激を選択する（B）．見本と比較刺激の模様は同じとは限らない（この写真では，偶然，同じになっている）．

6.12）．さらに，見本の形の一部が手がかりとなるのを排除するため，数は同じとして，見本と比較刺激の図形を変えることも試みた．たとえば見本の図形はドットでも，比較刺激はドット，台形，ハート，直線などである（図6.13）．

被験体が比較刺激の呈示位置で選択するのを避けるため，試行ごとに比較刺激の貼る位置をガラス面のいたるところに変えて呈示した．被験体はガラス面をあちこち動きまわりながら，目的とするターゲットを探しまわったが，結局，上記のいずれの実験の場合も図形の形や面積にかかわらず，高い正解率で見本と同じ数のドットや図形のターゲットを選択することができた（早川，2002）．これによっても，この被験体が「1つ」と「2つ」について弁別可能であることが示唆された．しかしながら，ここでの一連の実験からは，被験体が「1つ」と「2つ」を区別したのか，単に単数と複数の違いを区別しただけなのかはわからない．

なお，イルカではその後，さらに統制された数的概念に関する実験が行われ，イルカが数やその大小の概念を有することが明らかになっている（Kilian et al., 2003 ; Jaakkola et al., 2005）．

6.4　模倣

ものを「模倣（まね）する」ということは，聴覚的・視覚的にとらえた（つまり，見たり聞いたりした）対象の種々の変動のパターンを自分の動きとして表出することであり，それは単に聴覚・視覚能力だけでなく，それを処理する認知的な機構も備わっていなければならない．これは，新しい行動をつくりだすうえで大事な能力である．

動物が他個体の行動を模倣した例としては，幸島（宮崎県）のニホンザルの「芋洗い」（Kawai, 1965）や，アオガラというトリが玄関前に置かれた牛乳瓶のふたをくちばしで突き破って飲む例が知られている（Fisher and Hinde, 1949）．ニホンザルの例は最初に1頭の子ザルが起こした行動が模倣によって群れ全体に広がったものであり，現在でも，他人（他ザルというべきか）どうしでの模倣が見られるらしい．アオガラのほうは，毎朝ヒトのやる牛乳瓶を開ける行為を見てまねをした結果と解釈される．いずれも，動物

が突発的に思いついたり，試行錯誤の結果として獲得できるものとは考えにくく，他の対象の観察学習によって得られた行動と考えられる（Thorpe, 1963；ただし，アオガラはもともと餌とする昆虫を探すときに樹皮をはぐ習性を持っているので，単にその行動が転化しただけという批判もある）．

　イルカ類でも他種や他個体が見せる行動をまねした顕著な例がいくつか報告されている．たとえば，ヒトがタバコをふかすしぐさをまねして，子イルカが口から空気の泡を吹き出したり（Tyack, 2002），ヒトが手を上げるとイルカは胸ビレを上げ，ヒトが体を回転させると自分もそれに合わせるようにまわるといったように，ヒトの動作をまねしたりする（Herman, 2002）．

　イルカによるヒトの動きの模倣について，遅延時間を導入した実験がある（Herman, 2006 に概説）．見本としてヒトがある動きを呈示したあと，0-80秒の時間をおいて，イルカにそのまねをさせた．その結果，遅延時間が0秒のときには100%，25秒では85%，80秒でも60%という割合でイルカは正しく見本（ヒト）の動作をまねすることができた．偶然の正解率が14.3%であることを考えると，時間をおいてもそれをよく記憶して，正確に動作のまねができることを物語っている．

　また，ハーマンはモニター画面に映された映像の認識についても種々に研究しているが（たとえば，Herman *et al.*, 1993；Herman, 2006），その中でイルカにモニターに映ったヒトの行動の模倣をさせている．その結果，映像であっても，やはり高い割合で模倣することができている．

　他の個体が発する音声の模倣については，これまで海獣類，鳥類で実験的に確かめられている．たとえばオウム（Todt, 1975；Pepperberg, 2002）やムクドリ（West *et al.*, 1983），ゼニガタアザラシ（Ralls *et al.*, 1985）などがヒトの声をまねすることが報告されているし，バンドウイルカは訓練によってコンピューターでつくられた人工音を模倣することができる（Richards *et al.*, 1984）．

　バンドウイルカはさまざまな鳴音を発するが，その中に各個体固有の鳴音（シグニチャーホイッスルという）を持っている（Caldwell *et al.*, 1990 が概説）．それは子どものころに母親とかそれ以外のイルカの鳴音をまねすることから始まり，それを自分なりの音にアレンジしていくのだという．模倣はこうした生態的に必要な能力として発達してきたのかもしれない．

126　第6章　記憶と概念——どのように認識しているのか

ちなみに，私が実験で被験体としているシロイルカもまねが得意である．水族館で飼育されている個体だが，トレーナーの声や私の声ばかりでなく（Murayama et al., Submitted），お客さんの歓声やトレーナーのくしゃみまでまねをする．

このようにイルカはさまざまな音を模倣できるが，模倣は言語能力についても重要な要素である．言語実験においても「まねる」という概念を自発的に獲得できることが確かめられている（「第8章　言語——イルカに『ことば』を教える」参照）．

6.5　推移的推論

ものには順序がある……ことをイルカが知っているかどうかを調べたいと思った．数についての一定の概念を有するのであるから，「順序」についても理解できそうに思ったからである．そこで，シロイルカを対象として，推移的推論について端緒的な実験をした（亀井，2002；亀井ら，2002）．

まず，シロイルカに6つの文字（アルファベットのC, I, A, X, Z, U；図6.14）を用いて訓練した．これらの文字を用いたのは，ハト（Blough, 1982）やチンパンジー（松沢，1991）の知見を参考に「なるべく似て見えない文字どうし」ということを考えたからである．もちろんこれらはヒトにとってはアルファベットという文字であるが，イルカにとってはなんの意味もない，ただの図形や記号にすぎない．

実験方法の模式図を図6.15に示す．訓練はこれらの文字を2つずつ対に

図6.14　呈示した記号（文字）．

6.5 推移的推論　127

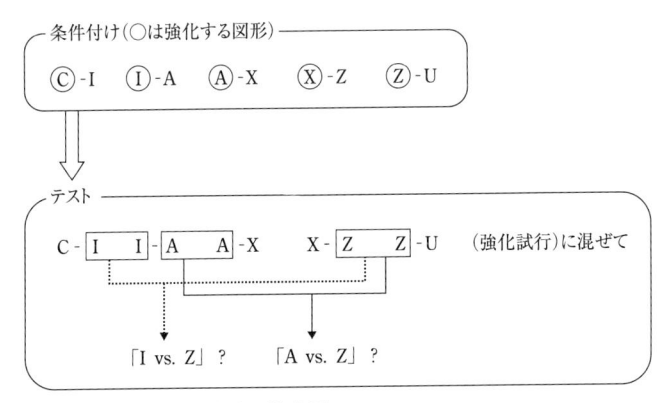

```
条件付け(○は強化する図形)
 Ⓒ-I   Ⓘ-A   Ⓐ-X   Ⓧ-Z   Ⓩ-U
```

```
テスト
 C-I  I-A  A-X  X-Z  Z-U   (強化試行)に混ぜて
      └──┬──┘ └──┬──┘
         「I vs. Z」?  「A vs. Z」?
```

図 6.15　推移的推論実験の模式図.

して呈示し，二者択一で一方の文字を選択させた．呈示した組み合わせは「CとI」「IとA」「AとX」「XとZ」「ZとU」と固定した．そして，「CとI」の呈示ではC，「IとA」ではI，「AとX」のときはA，「XとZ」ではX，「ZとU」の場合にはZをそれぞれ選択したときに，報酬を与えてその選択を強化した．このときCは常に報酬がもらえ，Uは常に報酬がもらえない．しかし，それ以外の文字は対として呈示される相手方の文字によって，報酬がもらえたりもらえなかったりするものである．

　実際の訓練ではすべての組み合わせを同時並行で条件付けしていったのではなく，「CとI」ができたら，それを"復習"させながら，次に「IとA」の訓練を，そしてそれができたら，「CとI」「IとA」を復習させながら，新しい「AとX」の訓練を……という形で進めていった．復習すべきことをだんだん増やし，そこに新規な組み合わせの訓練をすることで成果の安定性を図ろうと考えたやり方であったのだが，その代わり，ものすごい訓練時間を要することになった．

　そうして最後の「ZとU」の組み合わせを学習し，すべての組み合わせについてランダムに呈示しても条件付けられたとおりに選択ができた段階で条件付け終了とし，テストに入った．テストでは強化試行として上記の条件付けの組み合わせを呈示しつつ，それに混ぜて，突然，「IとZ」および「AとZ」を呈示した．これらは被験体にとっては初めて見る組み合わせである．

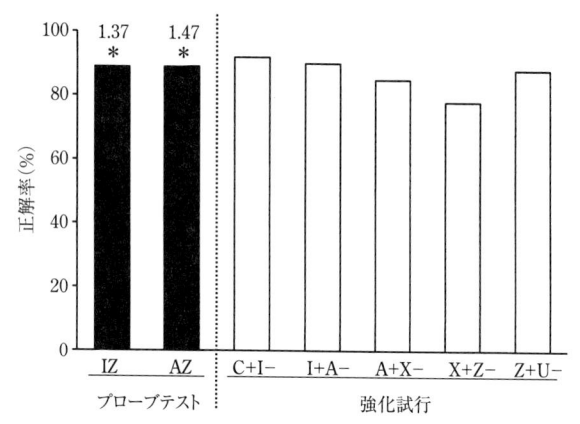

128 第6章 記憶と概念——どのように認識しているのか

図 6.16 推移的推論の結果. プローブテスト(テスト試行)では高い値を示している. 数値は反応時間. *：$p<0.05$. (亀井, 2002；亀井ら, 2002)

　さて, イルカはどちらを選択したか……. その結果は図6.16のとおりである. 被験体は「IとZ」のときには「I」を,「AとZ」では「A」をそれぞれ選択した. このとき, 強化試行については高い値を維持しており, 条件付けは維持されていたと思われ, また, テスト試行ではどちらを選んでも強化はしていないので, テスト試行で直接学習したとは考えられない. これはどう解釈したらよいのか.

　おそらく, 条件付けで2つの文字の組み合わせを順次呈示して強化していくうちに, イルカはそれらの文字について一定の順番のようなものを構築したのではないだろうか. すなわち, 2つの文字間の関係から推定して「C＞I＞A＞X＞Z＞U」というような関係を学習したのではないだろうか. そう考えると, 初めて見た組み合わせである「IとZ」および「AとZ」で, それぞれ「I」と「A」を選択したこともうなずける.

　このような関係を推移的推論といい, 与えられた関係(ここでは, あくまでも2つの文字間の関係)から直接示されなかった関係(ここでは「C＞I＞A＞X＞Z＞U」のこと)を類推するものである. もしそうであれば, 遠い関係ほど正答率が高くなる象徴距離効果が認められるはずだが, この実験ではともに正答率は同じ成績であったので, なんともいえない. ただし,

反応時間（刺激を呈示してから吻先でタッチするまでの時間）を測定したところ，遠いどうしの「IとZ」は1.37秒，近いほうの「AとZ」では1.47秒となり（図6.16），遠い関係のほうが反応がすばやく，象徴距離効果に近いものと思われる．ただし，この実験では，条件付けがすべての組み合わせを同時並行でランダムに行われたのではなく，順番に1つずつ追加されていくやり方であったので，それが順序の形成に影響しているかもしれない．また，必ず報酬のある記号（C）と決して報酬のない記号（U）からの距離を"計算"した可能性も否定できない．まだまだ細かい検証は必要である．

　イルカには顕著な順位制はないといわれているが，飼育の個体などを見ていると，明らかに個体間に強弱が見られることがある．このように推移的推論ができる背景として，もともと群れで暮らすイルカにも，一人一人（1個体1個体）の関係を通して群れの序列のようなものを見通す能力があっても不思議ではない．

　なお，この実験は他の文字でも検証してみたかったのだが，残念ながら実験者が卒業してしまい，中断したままになっている．

第7章　知性
―― イルカは「海の隣人」か

　ここまで見てきたことから，イルカには一定の基礎的な認知能力があり，そこにはヒトにも共通している機序があることがわかった．伝説・継承の面では古くからさまざまにヒトとの「友情関係」を持ってきたイルカだが（村山，2009），これほどまでに進化の過程，系統発生の筋道が大きく離れているのに，実はヒトにも近い認知機構を有していることは，まさに「海の隣人」ともいうべき存在かもしれない．

　しかし，知性を形づくるものはそのような基礎認知の仕組みだけではない．海に暮らす動物には巨大な群れをつくるものがたくさんいる．しかし，そのような動物の群れでは見られない多彩で複雑な個体間のやりとりが，イルカどうしでは頻繁に行われている．相手を知り，その「顔色」をうかがうように行動する……そんな高度な能力も，イルカの知性を形づくるものの1つである．それは社会的知性と呼ばれる．

7.1　社会的知性とは

(1) 社会的認知と社会的知性

　目の前においしそうなケーキがある．そのときそばにいるのが赤の他人だったら，もちろん遠慮して食べないこともあろうし，その人を出し抜いて自分が独り占めしたいと思うこともある．しかし，それが仲のよい友だちどうしならば，譲り合ったり，切って分け合ったりするだろう．つまり，そのケーキをどうするかはそこにいる人との相互関係によって決まる．

　動物でも似たようなことが考えられる．目の前にある餌をめぐっては，敵

対する個体どうし，親子，雌雄の関係，あるいは順位制の強い種ではその上下（強弱）の関係などに対して，餌を得るためにさまざまな「知恵」が必要である．しかし，そこで発揮する知恵の種類はその社会的環境の文脈によって違ってくる．それはメスをめぐるオスの争いなどでも同様である．要するに，自分の置かれた状況や周囲の社会的環境を的確に認識し，自らの行動を調整しながらその状況に応じて「上手に対処」していくことが生き抜いていくうえで重要なことなのである．そのような能力は社会的知性と呼ばれる．

　動物の中には多数の個体が集まって集団や群れをつくるものが多い．その数は数個体から何百何千個体までと，動物種によってまちまちであるが，それらの中には個体どうしがさまざまな関係を構築し，「社会」を形成しているものも少なくない．そういった社会においては，自らの生命や生活を安全にそして円滑に営んでいくために他個体と複雑な相互交渉をしていくことが不可欠である．もちろん，ヒトもそういう種の1つである．相手の意識をそらすことで自分に有利な状況をつくりあげることは，実は日常われわれもよく経験している．落語に「時そば」というお題がある．これは，そば屋のオヤジに他のこと（時を告げる鐘の音）に注意をひかせ，そのすきに都合の悪いこと（そばの代金）をごまかしたという，社会的知性の例の1つといえよう．

　社会的な知性を駆使するうえでは，まず，自分自身あるいは相手の種や個体を認知し，さらにそれらの個体間の関係を認識する「社会的認知」の段階がある（藤田，1998）．そして，そのような個体どうしの関連の認識が基礎的な要因となって，他の個体がなにをしようとしているか，すなわち他者の心的状態を把握できるようになる．その結果，自分が有利になるように他者を出し抜いたり，うそをついたりするといった「賢く生き抜く知恵」のような能力を習得していく．これが社会的知性の主体である．

　それでは具体的に，社会的知性と呼ばれることにはどんな事象があるだろうか．いわゆる「欺き」「駆け引き」「隠す」といったことは，その例の1つである．それらは，他者の行動を「予測」し，うそをついたり，隠したりすることによって「情報を操作」し，自分自身が有利な状況に導くことである．一方，そうして欺いていることを見抜き，それに対処する行動，つまり「ウラをかく」ような行動が「駆け引き」となって現れる．

このような行動は，陸生動物では野外ではクモザル，オマキザル，カニクイザル，ヒヒ，チンパンジーなどといった霊長類で見られている（藤田，1998, 2007）．それらの知見によると，登場する動物たちは個体間の関係や役割を理解して，「泣きまね」「いじめられたフリ」「情報の隠匿」のような行動でそばにいる他者の心的状態をあやつり，まんまと食べ物や母親の乳を手に入れている．また，野外の観察例を裏付けるものとして，フサオマキザルやリスザルなどでは駆け引きや欺きに関して実験的な検証が試みられている．霊長類以外の動物でも，ニワトリはオスがフードコールを発するとき，偽の鳴き声でメスをひきつけたり，オスを遠ざけたりする聴衆効果を駆使するし，チドリは侵入者に対して「はぐらかしディスプレー」や，わざと傷ついているように見せかけ天敵を回避する「折れた翼ディスプレー」などを呈するという．

また，「ジョイント・アテンション」（joint attention）すなわち他者と共同である対象に注意を向ける共同注視の行為も重要な社会的知性の要因の1つである．それは，「他者（情報提供者）」「受け手（自分）」，そして「対象となるものや場所」の三者によって成り立つ状況であるが，他者が見つめる方向を追跡し，それにその他者と共同で注意を向けることは，その動物にとってさまざまな場面で役に立つことである．好物の木の実があったとき，他の仲間に気づかれては横取りされたり，取り分が減ったりして，自分にとって都合がよくない．そこで他の個体の注意をよそへ向かせることができればしめたものである．また，敵が近づいてきたときはどうだろう．その敵に仲間の誰かが気がつき，そしてその誰かの注意に自分が気づくことができれば，自分も敵から逃げることができやすくなるし，仲間の被害も少なくて済む．他者の注意の方向を別のほうへ向かせることや受け手の注意の向きに自分が気づくかどうかで，自分自身が有利になることもあれば不利になることもあるが，多くの個体がいる中で瞬時に状況を判断し，自分自身の行動を調整するための能力や手段が社会的知性の本質である．動物では，このような「共同注視」は，チンパンジーやオランウータンなどの類人猿で認められる（「7.7　他者の心を理解する」参照）．

（2）イルカにおける社会的知性

　さて，イルカ類は種によって大小さまざまな群れをつくる．そういった群れの中では，摂餌や捕食・被捕食をめぐるさまざまな行動（狩り），子孫や遺伝子を残すべく，よき「伴侶」を求めた種々の生殖行動，親子の仲むつまじい行動，個体どうしの激しい闘争や同盟のような関係など，実に多彩な個体間行動が繰り広げられている（「第2章　イルカの生態――複雑な社会」参照）．また，利他的行動あるいは協力行動という，他者を助ける行動がイルカでは見られることがある．もちろん，こういった社会的な行動は必ずしも野外（大海原）に行かなければ見られないものではない．水族館のような，わずか数個体で飼育されている水槽内でも頻繁に起きている．こうしたことはイルカが自己と他者，自分と自分以外のものを区別していると考えるに十分である．イルカたちはそういったさまざまな社会的な環境の中で，個体どうしで複雑なやりとりや駆け引きをしているのである．

　上述したように，社会的知性については霊長類での研究例がたいへん多いが，イルカ類においても，近年，社会的知性に関する関心が急速に高まってきている．その背景には，飼育下の個体による研究と野生の個体による研究の，いずれについても多くの成果が蓄積されてきたことがある．野生の個体を対象とした研究は，古くは群れの個体の構成員の変動やその離合集散の過程を追跡したものが多かったが，近年は，個体間行動時の双方の力関係の推移とかその社会行動の詳細なパターンの解析，親の子育ての過程といったような，より詳細かつ近接な個体間関係を調べることによって，高い社会性を裏付けるような報告がなされている．そういった，野生で見られる複雑な社会行動の陰にはそれを生起させる種々の社会的知性が関与しており，したがって社会的知性を実験的に分析することは生態的な行動特性を理解することにもつながっている．

　一方，飼育下のイルカを対象とした認知研究は，その初期のころ（1970-90年代ごろ）は，たとえば可聴域や視力の測定といった基礎的な感覚能力の検証や，記憶や学習などの認識機序を知る，いわゆる基礎認知の研究が主流であった．しかし近年，野生のイルカを対象としたさまざまな成果が蓄積されるのと同期して，「模倣」「視線の共有」「個体どうしの連係プレー」と

いった社会的な知性を必要とする現象や能力の有無について徐々に目が向けられるようになっている．

もちろん，イルカ類では社会的認知や社会的知性に関する系統的な研究は，まだ決して多くはない．そこでここではそれらのうち，実験的に検証された事例を中心として紹介していくこととする．

7.2 種や個体の認知

社会的知性の基本的な要因の1つに，種や個体の認知がある．すなわち，同種か異種かを認知して，さらに同種であれば個体を認知して，たとえば「敵か仲間か」あるいは守るべき"家族"か，赤の他人（他個体）かといった個体間の関係を認識するというものである．群れがつくる社会において生じる個体相互の関係では，こうして交渉すべき相手を知り，その相手に応じてとるべき行動を定めることは重要である．では，イルカは種や個体の認知はどうなのだろう．

イルカ（やクジラ）は，よく見ると体に種特有の体色やさまざまな模様のパターンがある．調査の際にイルカの種や個体を同定するときにそういった体の模様や体色パターンの違いを種や個体の識別の手がかりにすることも多いが，イルカどうしではどうなのだろう．実際，飼育下のイルカの個体間行動を見ていると，明らかにお互いに相手を認識して行動していると見てとれることが少なくない．こういった鯨類特有の体色や模様のパターンなどが，イルカ（あるいはクジラ）どうしもお互いの種，年齢，性別そして個体を識別するのに役立っているかもしれないが（Madsen and Herman, 1980），イルカの種や個体の認知に関して，系統的に実験的所作を施して調べた例は見当たらない．

7.3 ヒトの認知

水族館で長年実験をしていると，よく「イルカは村山さんのことをわかっているんですか？」と尋ねられる．水族館のイルカの飼育員（トレーナー）もお客さんから同じような質問をよく受けるらしい．しかし，私が学生時代

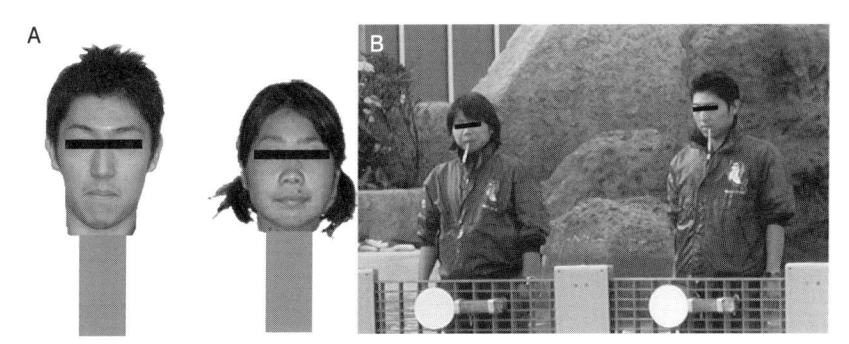

図 7.1 ヒトの識別実験に用いた刺激．A：顔だけの写真を切り取り，呈示用の持ち手をつけた，B：同じ服装のまま，全身を呈示した．被験体は手前の白い円に吻タッチする（これらの図ではプライバシー保護のため，写真に目隠しをつけてあるが，実験では顔はそのまま呈示した）．

に水族館で実習していたころ，いくら水槽のそばで作業をしていても，決してイルカのほうから近寄ってくることはなかった．また，それ以降ももうずいぶん長いこと水族館でイルカ相手に実験をしているが，イルカはやっぱり私にはほとんど無関心である．ところが，ひとたび水族館のトレーナーがプールサイドに立つと，イルカは踵を返すがごとく，たちどころに近寄ってくる．はたしてイルカはヒトの顔を区別しているのだろうか．

　イルカではこれまで，ヒトの容貌の識別についての研究例はほとんど見かけられない．そこでここでは，私がイルカにおけるヒトの識別について予備的に実験を行った例があるので，紹介したい（古谷・鶴田，2002）．

　実験はバンドウイルカを対象として，鴨川シーワールドで行った．まずヒトの顔自体の識別から始めた．ふだん水族館でイルカに接しているトレーナーと，イルカにとっては初対面である学生の顔とをそれぞれ写真に撮り，それを実物大にして顔の部分だけを切り取って板に貼りつけたもの（図7.1A）を比較刺激として，イルカに呈示した．そして，二者択一でトレーナーのほうの顔写真を選択したら強化するようにした．こうして計18セッション，200を超える試行を行ったが，結局，有意にトレーナーの顔だけを選択するという数値には達しなかった．

　この実験では被験体がヒトの顔を識別できたという結果にはならなかった

が，ただ，イルカに見せたのがヒトの顔の写真だけをターゲットに貼付したものであったために，被験体にとってはふだん見慣れている「ヒト」という認識をしていなかったのかもしれない．そこで今度は実験者の全身を呈示して選択させることとした．すなわち，上記の実験の2人の実験者に同じ服装をさせて被験体の前に立たせ（図7.1B），一方（図では左側の実験者）を選択するように訓練した．なお，両者は体格的にも大きな差はなく，顕著に異なるのは顔と髪形だけである．しかし，この実験でも一方だけを有意に選択するという結果は得られなかった．

そこで，顔以外のもっと別な観点として，服装に着目した．2人の実験者にまったく異なる衣装を着せることから始め，次第にその違いを小さくしていくこととした．まず，学生には白い半袖，トレーナーには袖の長い青い服を着せて（これを「白い半袖 vs. 青い長袖」とする：図7.2A）イルカの前に立たせた．次の段階は，学生の服装はそのままで，トレーナーは袖をまくり，「白い半袖 vs. 青い半袖」という格好をさせた（図7.2B）．さらに，学生の上衣の下半分または上半分を青い服とし，トレーナーはそのままで，「半分青い白い半袖 vs. 青い半袖」の条件で実験した（図7.2C）．最後は，2人とも青い半袖の同じ服を着せ，「両方とも青い半袖」（図7.2D）といった具合にした．これらの各段階の服装パターンについて，それぞれ二者択一でイルカが一方の人（トレーナー）を選択できるかを調べた．なお，イルカは色覚が弱いとされているので，青色が見えているとは限らない．したがって，イルカにとっては青い服は，おそらく白い服に対してかなりくすんだ色に見えているはずである．

さて，これらの実験を行ったところ，「白い半袖 vs. 青い長袖」（図7.2A）から「半分青い白い半袖 vs. 青い半袖」（図7.2C）の条件では安定して高い正解率でトレーナーを選択したので，両者の弁別ができていることが考えられた．しかし，最後の「両方とも青い半袖」（図7.2D）になると正解率が低下した．これは上述した，全身を呈示した実験と同じ条件であるので，その結果を裏付けるものともいえる．このように，対象（ヒト）の姿・形が顕著に異なるような場合には容易に両者を識別できたが，顔以外は同じといった条件になると区別がつかなくなった．このことはどんな意味があるのだろう．

これらの一連の実験では，まず，写真にしろ実物にしろ，違っている要素

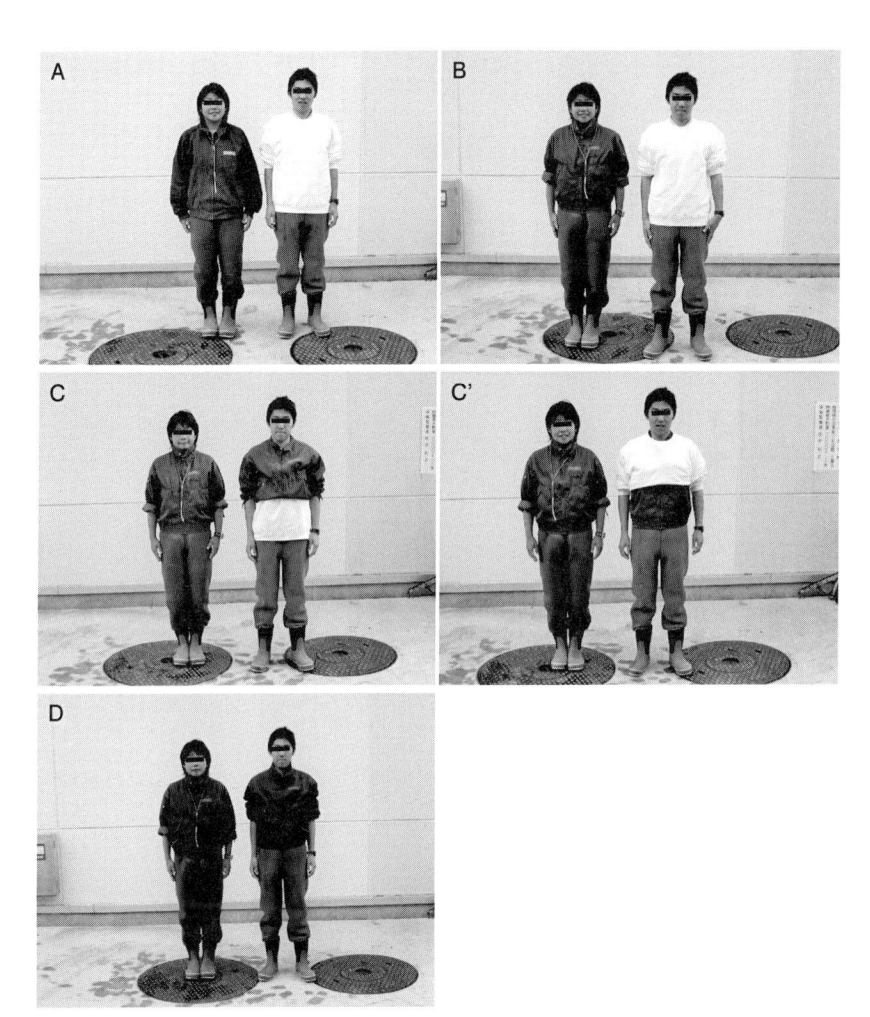

図 7.2 呈示した服装（これらの図ではプライバシー保護のため，写真に目隠しをつけてあるが，実験では顔はそのまま呈示した）．

が「顔だけ」となるとイルカはヒトを区別することができなかった．しかも，一方の実験者は被験体のイルカにふだんから接していたにもかかわらずである．このことはヒトを識別する基準が顔（容貌）ではないことを意味している．しかし，衣服などの外観を違えると容易に識別ができたことから，自分にとって，よりわかりやすいもの，より重要な刺激を手がかりとして識別をしていることが示唆されたといえよう．

　しかし，そもそも「顔で個体を識別する」というのはいかにも人間らしい発想である．動物にとっては個体を識別するのに顔（容貌）は必ずしも必要不可欠な基準ではないのかもしれない．その証拠に，われわれも見慣れないイヌやネコなどの顔の違いはよくわからないし，動物園に出かけたとき動物たちの顔の違いを見分けることも困難だ．また，ヒトに近いとされるチンパンジーに対してですらも，われわれはそれぞれのチンパンジーの顔を識別するのは決して容易ではない（もちろん，チンパンジーの研究者はそうではないだろうが）．そういった動物の個体を識別するには，顔つきよりも体の模様や足の傷といったことを手がかりとしたほうがわかりやすい．おそらくイルカにとっても，異種であるヒトを識別するときには同様なのではないだろうか．ヒトを含め，霊長類では顔の表情が感情や意思を表すことがあり，だからヒトは"顔色をうかがう"ことが重要なのである．これに対して，イルカには「表情」がない．目やその周辺の，いわゆる"顔"らしき部分に表情をつくるような筋肉や神経系が乏しいからである．すなわち，顔を重要視する必然性がないのである．

　なお，もちろん上述の実験はまだまだ統制不足の環境条件も残されており，必ずしもこの実験の結果がすべてではない．近年，さまざまな条件のもとでトレーナーを識別できるかという知見が挙げられつつある（たとえば，Tomonaga *et al.*, 2010）．

　蛇足ながら，本節の冒頭で紹介した「水族館のトレーナーがプールサイドに立つとすぐに近寄ってくる」のは，なぜだろう．明確な理由は断言できないが，イルカにとってふだんかいがいしく世話をしてくれたり，餌をくれるトレーナーの耳慣れている足音のパターン，見慣れたシルエット，立ち振る舞い……そんなものが学習されているのかもしれない．「一見さん」には簡単に寄ってこない所以がそこにある．

7.4 自己認知

社会的知性の基本的要因には自己と他者の認識がある．動物が築く「社会」では，自分と他者を区別してこそ他者の心の動きを知る必要性が意味を持つことになる．個体間，特に雌雄間，あるいは親子間で種々に社会行動を見せるイルカだが，イルカは自他の区別，特に自分自身のことを認識しているのだろうか．

自分自身についての概念，すなわち自己認知については一定の方法によって調べることができる．

（1）鏡映像認識

鏡に向かいながらひげを剃ったり，街のショーウインドウで乱れた髪を直したり，あるいはダンス教室で壁いっぱいにしつらえられた鏡を見ながらポーズのレッスンをしたりするのは，もちろんわれわれはそこに映っているのが自分自身と知っているからである．では，動物はどうだろう．自己認知の分析について，最も一般的に行われてきた方法は鏡に映った像（自己鏡映像）の認識である．

詳細な実験をするまでもなく，自宅で飼っているネコやイヌに鏡を見せたことのある人ならおわかりと思うが，イヌもネコも鏡に映っているものにはほとんど関心を示さない．たまに鏡の裏にまわってのぞきこむイヌや，鏡に映った姿に飛びかかろうとするネコの映像などが「おもしろ動物特集」などといった趣向でテレビやインターネットで紹介されることもある．このような例はイヌやネコが鏡に映った像を自分自身と認識しているものではないことや，別の個体だと思っていることを示している．

自己鏡映像認識の方法によって動物の自己認知を検証する場合，いわゆるマークテストと呼ばれるやり方が行われる．簡単に紹介すると，まず動物がいる場所（すなわち実験場所）に安全な状態で鏡を置き，しばらくその中で被験体を自由にさせておく．被験体は寝ころがったり，遊びまわったり，鏡を見たりと，勝手な行動をしていてかまわない．その後，なんらかの方法で被験体の体の一部（顔やその周辺が一般的）に染料や塗料でマークをつけ，再び鏡を呈示する（鏡のある場所へ放置する）．そうして鏡に対してどんな

行動をとるかを観察するのである．このとき被験体が鏡を見ながら体につけられたマークを気にしたり，鏡を見ながら壁や突起物でマークをこすり落とそうとしたりするような行動が見られたら，そこに映っているものが自分自身と認識している証拠と考えることができる．

　動物における鏡映像認識はチンパンジーに鏡を見せた実験に始まるが（Gallup, 1970, 1977），そこでマークテストが考案・実施され，映っているものをどう認識しているか検証された．この実験では，初めて鏡を見せられたチンパンジーは，最初，鏡の像に向かって威嚇をしたり，顔をしかめたりと，あたかも別の個体に対するように振る舞った．しかし，しばらくするとそのような行動が消え，鏡に自分の姿を映しているようなしぐさが見られるようになった．そこでマークをつけてみたところ，明らかに自分のマークを気にする行為が認められたという．これは，最初に鏡を見ていた期間の間に鏡に映ったものが自分であることを学習したためと解釈されている．

　これ以降，同様な実験がさまざまに行われているが，大型類人猿ではおおむね自己認知テストに合格している．特にチンパンジーの成果が目覚ましいが（たとえば，松沢，1991 ; de Veer et al., 2003），それ以外でも，少なくとも 1 個体のゴリラ（Posada and Colell, 2007）とオランウータン（Miles, 1994），ボノボ（Hyatt and Hopkins, 1994）で成功している．霊長類以外の陸生動物になると鏡映像認識の実験例は極端に少なくなるが，それでもこれまでゾウ（Plotnik et al., 2006）での合格例が報告されている．

　イルカ類においても鏡を用いた自己認知に関する研究がある．バンドウイルカで行われたマークテストによると，被験体は鏡の前で自分の体につけられたマークを気にする行動が見られている（Marten and Psarakos, 1994）．また，シャチ，オキゴンドウ，カリフォルニアアシカを対象としてもマークテストが行われ（Delfour and Marten, 2001），シャチでは鏡の前で滞留する時間も長く，また鏡に向かって口を開けたり，頭を振ったりといった多彩な行動が見られた．オキゴンドウの場合も，シャチほどではなかったものの，鏡に対して一定の反応が見られた．これに対して，カリフォルニアアシカは鏡にほとんど関心を示すことがなく，鏡の前での滞留時間も短かった．これらのことから，ここで調べたイルカ類においては，鏡に関して自己認知（鏡映像認識）をしている可能性が示唆されている．

図 7.3 マークされたシャチ．

図 7.4 水槽へ鏡の設置．（写真撮影：須田暁世氏）

図 7.5 水槽へのモニターの設置．ビデオカメラを介して自分自身の映像がモニターに映し出されている．（写真撮影：須田暁世氏）

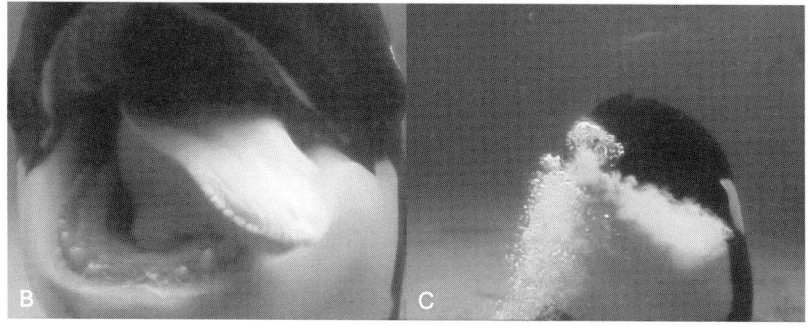

図 7.6 鏡に対するシャチの反応．A：鏡にしきりに寄ってくるシャチ，B：舌を出すシャチ，C：口から泡を出す．（鴨川シーワールドにて撮影，写真撮影：須田暁世氏，小松美菜子氏）

　私も鴨川シーワールドで飼育されているシャチを対象として，自己認知に関する研究を行った（Murayama *et al.*, Submitted）．実験方法は，シャチにマークをつけ（図7.3），自由に泳がせ，鏡（図7.4）や，自分の姿がリアルタイムに映るモニター画面（図7.5）を呈示した．ただし，上述した先行研究とはやや目的を異にし，自己認知に個体差があるか，あるいは被験体の成長や年齢の増加とともに興味の度合いはどうなるかということを調べたいと考えている．現段階（2011年）で7年目を迎える長期戦となった．開始当初は被験体は2個体であったのが，途中で"家族"が増え3個体になった．観察をすると，明らかに個体差がある．3個体のうち，2個体は鏡に対して非常に反応を示し，鏡の前で滞留することも多く，鏡に向かってさまざまな

図 7.7 鏡の前のイロワケイルカ．(マリンピア松島水族館にて撮影)

しぐさを見せる（図 7.6A）．それに対して，残りの 1 個体は実験開始当初はやや反応があったものの，途中から鏡にまったく興味を示さなくなった．どうやら，イルカ（ハクジラ）なら誰でも必ず鏡に関心があるというわけではないらしい．時間的な経過を見てみると，鏡に興味を示す個体は 2 個体とも 7 年を経た今でも，鏡の像に対する興味が衰える気配は見えず，相変わらず頻繁に鏡に寄ってきては舌を出したり（図 7.6B），口から泡を吹いてみたり（図 7.6C）と，多種多様な行動をする．マークテストでも，鏡の中の自分をのぞこうとするしぐさも認められる．一方，興味を示さない個体は何年やっても相変わらず無関心のような態度である．

ところで，鏡に関心の高かった 2 個体のうちの一方は 2009 年に出産を経験し，母親になった．これでまたさらに観察個体が増え，その子どもの個体も含め，計 4 個体となった．現在，まだ子どものシャチは母親のそばにつきっきりのことが多いが，母親のほうは，今後鏡への関心はどうなるか，また，子シャチのほうは，母親同様に鏡へ関心を持つようになるのか，興味の尽きないテーマが続いている．

次に，イロワケイルカにおいても鏡を呈示した（Murayama, 2011）．実験

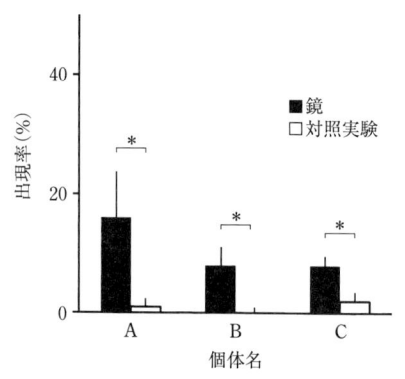

図 7.8 イロワケイルカの鏡に対する出現率.（Murayama, 2011 より改変）

　場所はマリンピア松島水族館（宮城県松島町）．イロワケイルカは，稀に100個体を超える集団になることもあるが，一般に大きな群れはつくらず，単独もしくは10個体未満の少数の個体からなる集団をつくる．したがって，あまり社会性は発達していない可能性が考えられる．そうなると，社会認知の能力はどうなのだろう……そういう発想がもとになり，自己認知について検証を試みた．

　実験方法は多くの例と同様である．イロワケイルカは鏡の前でしばらく滞留したり，通り過ぎては戻ってみたりと，顕著に鏡への反応を示した．シャチほど鏡に向かって多彩な顔の表情は見せてくれなかったが，明らかに鏡が気になる様子である（図7.7）．被験体は3個体であったが，いずれも鏡の前での滞在時間は長かった（図7.8）．ただ，ここにも個体差が見られ，鏡の前でとどまる時間に三者で差があった．

　ところで，ここで被験体にしたシャチやイロワケイルカは，それまで鏡というものの経験がまったくない．にもかかわらず，突然鏡を呈示した直後から鏡に対して上記のような多彩な行動を示し，ギャロップの行ったチンパンジーの実験のときのような威嚇や異個体と認識していると思われるような行動は現れなかった．このことは実験開始時にはすでに両者とも鏡像を学習していたことを意味する．いったいどこに鏡があったのだろう．その真相はわからないが，もしかしたら，いつもガラス張りの水槽にいるので，そのガラ

スが常に鏡のようになっていたのかもしれない．

　ところで，上述したとおり，イルカなら誰でも自己認知できるとはいいきれない．私はこのほか，バンドウイルカ，シロイルカで実験を行ったが，それらについてはほとんど無反応であった．上述したシャチの例も含めて，実は，鏡を見ても反応しない個体のほうが多いような気がする．もっとも，それらの個体が自己認知しないのか，単に無関心なだけなのかはわからないが．

（2）その他の方法による自己認知の分析

　以上のことから，霊長類やゾウと同様にイルカ類も潜在的には自己認知能力を持っていることが改めて示唆された．ただし，イロワケイルカの例から考えれば，それは必ずしも社会性に関係なく発達しているとも考えられる．しかしながら，この「鏡映像認識」がそのまま自己認知を示すものかどうかについては議論も多い（Heyes, 1994 など）．たとえば，マークテストにおいて被験体がマークを気にする行動は，自分自身を認識したからではなく，鏡を使ってマークのありかを探っただけにすぎないという意見もあるからである．むろん，ここで取り上げた既往の知見は，これに反論する見解（つまり，鏡映像認識を自己認知と認める考え）を有する立場である．ただ，自己認知の可否を分析する手法が鏡映像認識に偏っている傾向も否めない．こうして考えると，「自己」の認識についてはもっとさまざまな観点から，種々の方策によって検証していくべき課題といえよう．

　そこでハーマンは，単に鏡映像認識だけでなく，別の観点から自己の認識について実験的な検証を行っている．ハーマンが取り組んだのは「行動の認識」と「体の部位の認識」である．「行動の認識」の研究（Herman, 2002）はバンドウイルカが対象であった．少しややこしいが，簡単に見てみよう．

　被験体に対してまず5種類の行動（「越える」「くぐる」「尾ビレで触れる」など）をジェスチャー（身振り言語）で命名した．さらに「直前の行動と同じ行動をせよ」（ハーマンはこの指示を"repeat"と呼んだ），「直前の行動とは異なる行動をせよ」（"any"）という意味の指示をイルカに学習させた．テスト段階では，まず学習した5種類の行動のうちの1つを行うよう被験体に指示し，それから「repeat」や「any」の指示を呈示した（「any」の場合は，残った4種類の行動の中から1つを実行するように訓練した）．たとえ

ば，「越える」-「repeat」-「any」-「repeat」とすれば，水面に浮かべてあるボールを飛び越し，次にそれを繰り返し（「repeat」），それからそれとは別の行動（たとえば尾ビレで触れる）をして（「any」），それからそれを繰り返す（尾ビレでまた触れる）（「repeat」）……ということをさせるのである．その結果，被験体は高い正解率でこれらの課題に合格することができた．このことから，被験体は自分自身の行動を認識し，その行動についての表象を維持していることを意味している．さらに，「自分の行動」としてそれを更新することも理解していることを示している．

一方，「体の部位の認識」の実験（Herman et al., 2001）では，まずイルカに体の9カ所の部位（尾ビレ，口，腹など）をジェスチャーで命名した．そして実験者がイルカにジェスチャーで，それらの部位を使って対象物になんらかの操作（「触れる」「振る」など）をさせたり，それらの部位を直接実験者に呈示させたりする指示を出した．そうして，イルカが指示されたことについて自分自身の体を表現したり，自分自身の体の該当部位を呈示することができるかを検証した．その結果，いずれも高い正解率で的確に反応することができた．このことはイルカが自分自身の体の部位を自覚し，それを操作することも認識していることを意味する．

このようなハーマンらの実験により，鏡の像の認識とは違う観点から，イルカが「自己」を認識していることが示唆された．

7.5 協力行動

（1）おとりと待ち伏せ

他者に見せかけの情報を与えて，それに応じた一定の反応を引き出し，その反応を自分（情報提供者）に有利なように利用する，あるいは有利な状況を構築するという意味で，「おとり」や「待ち伏せ」も社会的知性の一環と考えることができる．そのようなおとりや待ち伏せの行動が，シャチが狩りをするときに観察されている．

シャチは摂餌生態によって2つのタイプに分けることができる．1つは主にサカナだけを餌とするタイプで，生息範囲が比較的狭いことから「定住

型」(resident) と呼ばれている．これに対して，サカナはもちろん，ペンギン，海鳥，イルカやクジラ，鰭脚類といった温血動物までをも食べるタイプがいる．このタイプのシャチが見せる荒々しい獰猛さがシャチ人気の秘密の1つになっているのかもしれないが，これは広く各地の海域を，それらの餌となる動物を求めて回遊しながら生活しているので「回遊型」(transient) と呼ばれる．「第2章 イルカの生態──複雑な社会」で少し触れた話だが，この回遊型のシャチのうちで，アルゼンチンのバルデス半島では，海岸にいるオタリア（鰭脚類の一種）を襲うことが知られている．しかもそのときに，おとりと待ち伏せの行動が見られる．海岸で日向ぼっこをしているオタリアの群れに2個体のシャチがそっと近づく．そして，一方の個体が浜辺に乗り上がっていき，オタリアの群れに襲いかかる．すると多くのオタリアは陸地の奥へと逃げていくが，中には反対に海のほうへと逃げてくるものがある．それを，少し沖のほうに隠れて待機しているもう1個体のシャチが襲って食べるのである．かなり戦略的な索餌の仕方といえようが，最初に岸辺のオタリアに襲いかかったほうの個体が，いわばおとり役であり，これに対して，後方で待機して，海のほうへ逃げてくるオタリアを襲うほうが待ち伏せ役である．このような行為はシャチが自分たち個体間の役割を認識し（ある意味，役割分担し），それに応じて行動を調整し，さらに対象となる相手の動物の反応も予測して，行動「計画」を考えていることを示唆している．

なお，このシャチがオタリアを襲う光景には，実は続きがある．計画的・策略的にオタリアを襲ったシャチだが，さんざん放り投げたり，くわえたりしてもてあそんだあと，食べることをしないで，そのまま岸まで送り届けることがあるという．その奇妙な行動は，想像ではあるが，シャチがオタリアを使って餌を捕まえる練習をしているとか，その様子をまだ狩りの経験のない子シャチに見せて"教育"しているのだとか解釈されている．

(2) 協力行動

ところで，「おとり」は見せかけの情報を与えることで，別の個体に利益を与える行為である．上記の例では，最初にオタリアに襲いかかることによって，結果的に別の個体にオタリアを餌として与えることになる．つまり，これは2個体のシャチによる利他的行動あるいは協力行動と考えることもで

きる．

シャチだけでなく，一般に，野外のイルカ類では利他的行動や協力行動が観察されている．野生のイルカでは，生まれたばかりの子イルカの面倒を見る「乳母」役のイルカがいることが知られているが（Evans, 1987），これは利他的な行動の1つである．また，複数の個体が協力してサカナを囲い込んで密集させたり，気泡のカーテンをつくってサカナの群れを通せんぼするなどの行為は協力行動である．

しかし，こういった行動の知見は野外で観察された例ばかりで，実験的に検証されたことはない．

7.6　一緒に行動する

大海原でイルカの群れに遭遇したり，ドルフィンスイムのポイントでイルカと泳いでいたりすると，イルカたちが一斉に同じ行動をしている光景を目にすることがある．何百，何千というイルカたちがこぞって群泳する光景は壮観だろうし，オスとメスがぴったり同じ行動をしながらの求愛のダンスはほほえましい．こういうような行動は飼育下でも同様に観察される．かつて私が水族館のイロワケイルカの行動を観察したときのこと．それまでは2頭のイルカがお互いに自由気ままに好き勝手な方向に泳いでいたのに，なんのきっかけか，突然，2個体が並んで泳ぎ始め，まったく同じ動きをするようになった（図7.9）．呼吸のタイミングまで一緒であり，明らかに同期した行動である．

こうしたイルカたちに見られる「同期した」行動にも社会的知性の要素が含まれている．他者の行動を分析し，他者と「同じ行動をする」ことによって相手へもこちらの状況を伝えることになり，社会的に重要な意義を持つからである．

ハーマンはイルカ類のこういった同期的な行動を検証する実験を行った（Herman, 2006）．まず，イルカに「一緒に行動しろ」（彼はこの指示を"tandem"と呼んだ）というサインを学習させ，それとなにかの行動を表すサインを続けてイルカに呈示した（例：「tandem, backdive」のサインは「2個体で一緒に背中から飛び込め」という意味）．このようなやり方でいくつ

図 7.9　ぴったり同期して泳ぐイロワケイルカ．（鳥羽水族館にて撮影）

かの指示を試した結果，イルカたちは正確にお互いに近い距離に寄って，同期してその行動を実行するようになった．

そこでハーマンは「tandem, create」（「2個体で一緒に，なにか行動を創造しろ」）という指示を教え込んだ．これは，こちらから特に具体的な行動は指定せず，2個体で一緒に，自分たちが好きな行動を選んで実行しろということであった．するとそのイルカはもう1頭のイルカとしばらく一緒にいたかと思うと，2頭そろって，それまでしていた行動とはまったく違った行動をしたという．そうしてそのイルカたちはそのつど自分たちで考え出した行動を，2個体で同時に実行した（Mercado et al., 1998, 1999）．イルカは直前までの5試行の行動を記憶し，それらとは異なる行動をとった．ハーマンはそこにイルカの高い知的さを評価している．

こういった複数の個体が同時に同じ行動をするということはどういうことだろうか．ただし，2頭がそろって同じ行動をしたことについては，ハーマンの思惑どおり，2個体間で次の行動の「相談」があったためなのか，あるいは単に一方がもう一方の個体の行動を模倣しただけなのかは，見解の分かれるところである．しかし，いずれにせよ，出された指示に対して一瞬のうちに双方が相互の行動についての解釈・判断をしたことは間違いない．そこに見られる社会的知性は協力行動，模倣などであろうし，また，計画的に自分たちの行動を配置しなければ，そのような指示に従った行動もできない．

彼らが「他の個体とのやりとり」といった，他個体の存在下で自分の行動をコントロールする能力を有していることを示唆している．

7.7 他者の心を理解する

　冒頭の節で述べたように，動物も他の個体が考えていることがわかれば自分にとって有利なことも多いはずである．動物が他者の心を理解できるかを知るには，他者と共同である対象に注意を向ける行為を検証することも1つの方法である．動物は，他者が見つめたり，指さしたりしたものを理解できるのだろうか．

　共同注視については，類人猿を含むいくつかの霊長類の種で，「他者が頭を動かして見つめる（頭と眼を同時に動かして注視する）」ものを追跡することができることが明らかになっている（板倉，2000；藤田，2007）．たとえその個体自身からは見えないものでも，他者が見ている視線の先を追うことができるわけである．

　イルカについて見てみよう．実験者が指さすものをどの程度認識できるかについて，バンドウイルカを用いて，いくつか実験が行われている．それによると，まず実験者が被験体の両側と背方に配置した3つのもののいずれかを短時間（2, 3秒）指さし，被験体はそのさされたものに触ったり，なにか動作をしかけたり（飛び越えるとか）することができるかが試された．その結果，イルカは一定の正解率でさされたものに反応することができた．つまり，イルカはたとえ背中側にあるもの，すなわち自分の視界にないものであっても，さされたものを理解できることが示唆された（Herman *et al.*, 1999）．

　また，はじめから対象物を指さしたまま動かさないでイルカに示した場合や，あるいは被験体の前で顔と腕をそのもののほうへ動かしてみせながら指さした場合には，いずれも被験体はさされたものについて的確に理解できた．さらに，腕を交差させて，さしている指の腕と反対側にあるものを指示しても同じであった．頭だけを動かして（当然，目も一緒に動いている）ものを見つめても，イルカは自発的にその見つめたものを認識できることを示した（Pack and Herman, 2004）．

さて，上記の実験は，いずれも実験者（呈示者），被験体（イルカ），ものの三者が2次元的（一平面上）に配置している場合である．これに対して，同一直線上にものを置き，すなわち同じ方向にありながら「遠いもの」と「近いもの」とを設定し，そのいずれかを指示し，それらを正確に認識できるかという実験も行われた（Pack and Herman, 2007）．その結果，遠近の違いがあっても，やはりいずれのものについても被験体は的確に選ぶことができ，反応時間にも差がなかったとしている．また，水中に大きなキーボードを設置し，そのキーの意味を理解させるのに実験者がキーを指でさして教え込んだところ，イルカは実験者の指さすキーを理解できたという（Kuczaj and Walker, 2006 に概説）．さらに，イルカは自分たちも目的とするものを体で"指さす"ことをするようになった（Xicto *et al.*, 2001）．

これら一連の実験から，イルカは実験者の指さしたものを的確に認識すること，すなわち他者との共同注視が可能なことが示された．動物にとっては他者あるいは第三者の心の動きを知ることは生態上有利なことも多いわけで，他の個体がどこを見ているかがわかれば，その視線の先にあるものによって自分も餌にありつけたり，敵から逃れたりできる．では，水中生活をするイルカにとっては，そのような共同注視はどんな意義があるだろう．

イルカの視力は 0.1 くらいと推定され（村山，2008b），動体視力やコントラストの認識も長けている．視覚を用いた個体間行動も頻繁であり，水中生活に高度に適応した視覚を有している．そうしたイルカが群れをつくって生活しているので，事情は陸生の社会的な動物と同じであろう．すなわち，群れ内の社会を生き抜くために，そういった優れた視覚を駆使しながら他者の視線を認知したり，視線に先回りして行動する能力が備わっているに違いない．また，イルカは音感に長けた動物であり，非常に優れた聴覚能力を有している（たとえば，Au, 1993；Au *et al.*, 2000）．特に，エコーロケーション能力はきわめて高い精度を有している．したがって，視線だけでなく，他者がエコーロケーションのために発する音波の先にも認知の矛先が向いているかもしれない．

さて，互いの心を読んでいるのか，飼育下で興味深い行動が見られた．ある水族館で，格子で仕切られた2つの水槽のそれぞれにイルカが収容されているのだが，そこで，お互いのイルカどうしでボールをやりとりする光景が

見られた．自分が与えられたボールを，その格子越しに向こう側のイルカに渡している．しかも，もしそこに相手のイルカがいないときには，鳴音を発してわざわざ格子のところまで"呼んで"，ボールを渡している．渡されたほうも，ひとしきりボールで遊んだかと思うと，同じように格子越しにボールを返してやる．ふつう，遊び道具は一度手に入れたら，なかなか手放すものではないし，ましてや他の個体，しかも自分では取りにいけないような場所にいる個体に渡したりはしない．戻ってくる保証がないからだ．しかし，この個体たちはそんなことをして遊んでいる．お互いの「信頼関係」なのだろうか．

第 8 章 言語
── イルカに「ことば」を教える

　動物と話せたら……幼いころそんな夢をいだき，「動物と話ができる」ドリトル先生にあこがれたことがあるかもしれない．伝説の中には，古代のイスラエルの王ソロモンは魔法の指輪をはめると動物と会話ができたという話がある．また，アニメの世界では昔から動物が擬人化されて，まるで人間のようにことばを話し，会話をしているのをよく見かける．これらは人間の持つ「動物と話したい」という，心の中のはかない夢や願いの裏返しなのかもしれない．はたして，ヒトが動物と「話す」ことは可能なことなのだろうか．

8.1 動物における言語研究

　第 1 章で私は動物と話したい夢を持つ研究者であることを紹介した．「イルカと話したい」という目標に向かってその成果を披露するのが本書の隠れた目的であることにも触れたが，動物の言語研究はもちろんイルカが初めてではない．これまで，どんな研究が行われてきたのだろうか．まずは，その研究の歴史をざっとおさらいしておこうと思う．

　「動物と話す」こと，それは「動物にヒトの言語を教える」試みとして，1900 年代前半に始まっている．最初に対象とされたのは，系統発生の過程でヒトに最も近い動物とされる霊長類である．

　霊長類における言語研究の初期の試みは動物に直接「話させる」もので，それはオランウータンやチンパンジーにヒトの言語を発音させようとした研究であった．しかし，これらの研究はいずれもあまり成果は挙がらず，オランウータン（Furness, 1916）やチンパンジー（Hayes and Hayes, 1951；Hayes, 1961）が最大で 4 つのことばを「言えた」にすぎなかった．これは，

基本的にこれらの動物の発音機構がヒトのそれとは違っているため，ヒトのことばをそのまま発音させることには無理があったからであった．

その後，直接動物に発音させる方法ではなく，ヒトと動物に共通な媒体を介したコミュニケーションの可能性が考えられた．そこで最初に採用されたのは，「視覚性言語」としてワシューという名前のチンパンジーに対して用いた「アメリカ式手話」(American sign language) である (Gardner and Gardner, 1969)．その方法で，ワシューは 132 語を獲得し，最大で 5 語までつながった文を理解した．この後，ほかにも手話による言語研究が行われるようになり，テラスが訓練したニムというチンパンジーは，125 個のサインによって 19000 通り以上の「文」を理解することができた (Terrace *et al.*, 1979)．さらに，チンパンジーだけでなく，ゴリラ (Patterson, 1978) やオランウータン (Miles, 1990) にもこの方法による言語研究は広がり，それらの動物は数百種類というサインの習得が見られている．こうして，これらの霊長類の種では手話による言語が獲得されていった．

しかし，この手話による方法にも難点があった．それは手話の個体差である．すなわち，まず手話を呈示する人によってその出し方にどうしても個人差があるため，被験体は誰の手話でもわかるというわけではなかった．その結果，動物の反応にむらがあったり，場合によっては特定のヒトの手話にしか反応しないといったこともあった．そうなると得られた結果についての再現性が検証できないことになってしまう．一方，動物の示すジェスチャーも動きが微妙で，実験者は，被験体が示したものがなにを意味した動きなのかの判断に苦慮することもあったとされる．

そこで，もっと客観的に理解できる手法が考えられた．まず試みられたのは，さまざまな色，形，感触をしたプラスチックの小片にそれぞれ単語としての特定の意味を持たせるもので，それを用いて言語研究が行われた．これは「手話」と違って，誰もが同じ媒体（プラスチック彩片）を使うので客観的な検証が可能である．こうしてサラというチンパンジーは名詞，形容詞，条件節など 130 の単語を習得している（たとえば，Premack, 1976)．

さらには，要素となるいくつかの図形を組み合わせた「図形文字」と呼ばれるものが考案された (Rumbaugh, 1977)．それぞれの図形文字の 1 文字 1 文字に表語性があり，それがコンピューターにつながったキーボードに描か

れ，それをチンパンジーが押して操作するというものであった．ランボーはそれによって言語の理解について検証を図った．

また，ボノボも言語研究の対象となった．そこでは，図形文字の理解だけでなく，実験者が直接ボノボに英語で問いかけて，それに対して被験体自身に発音させて答えさせている．カンジという名の個体はヒトの英語の発音を理解し，発声の模倣もすることができた（Savage-Rumbaugh, 1993 ; Savage-Rumbaugh and Lewin, 1994）．

さて，霊長類の言語研究は日本でも精力的に行われた．京都大学霊長類研究所ではチンパンジーのアイを被験体として図形文字による言語研究を行った．アイはコンピューターを介してディスプレー上に描かれた図形文字によってものの名前や色，数の概念などが検証されたほか，人称代名詞や語順の理解などの文法を理解していることも明らかとなった（Asano *et al.*, 1982 ; 松沢，1991 に概説）．

以上のように，霊長類の言語能力についてはさまざまな媒体（手法）を用いて検証が行われ，霊長類は少なくとも数百というレベルの語については十分理解が可能であることが明らかになっている．

言語研究は霊長類だけではない．ペッパーバーグはアレックスという名のオウムを被験体として研究を行った（Pepperberg, 2002 に概説）．彼女は独特の訓練方法を用いてアレックスに英語を理解（学習）させ，直接英語で問いかけ，それに対してアレックスにも英語で答えさせている．その結果，アレックスは実験者から尋ねられたものの名前，色，形そして数などを英語で正確に答えることができるようになった．このような成果から，オウムにおいて一定の言語的なラベルの使用が可能であることが示された．

8.2 海獣類における言語研究

言語研究が行われたのは陸生の動物においてばかりではなかった．これまでカリフォルニアアシカやバンドウイルカなどの海獣類を対象として，言語理解に関する実験的検証が行われている．

アシカは水族館でもおなじみの動物である．ヒトが教えたことについての学習能力が高く，水族館ではさまざまなパフォーマンスを披露している．シ

ュスタマンはロッキーという名のカリフォルニアアシカを被験体として，初期のチンパンジーにおける言語研究と同様に，ヒト（実験者）がさまざまなジェスチャーを呈示してみせることによって，名詞，動作，修飾語（形容詞）などを教え込んだ．そして，これらを用いて大小の概念や文法について検証をした．その結果，カリフォルニアアシカは事物に対するラベリング能力があることが実証され，文法や概念についても一定の理解をしたことが報告された．また，シュスタマンは，それらの語を用いた等価性についても議論している．（以上，Schusterman and Krieger, 1984 ; Gisiner and Schusterman, 1992 ; Schusterman and Kastak, 1993）．

一方，水族館のショーで人気の高いのはイルカも同じである．そのイルカにおいてはさらに精力的な言語研究が行われてきた．

冒頭の章でも紹介したように，イルカにおける言語研究の先駆者は1960年代に登場したリリィである．リリィはイルカの知的能力を信じて言語の研究を始めたが，彼が用いたのはイルカにヒトの言語を直接発音させようとするもので，それでイルカにヒトのことばを理解させようと考えた．また逆に，イルカの発する鳴音を録音・解析し，それと行動とを対比して「イルカのことば」を解明しようとしていた（Lilly, 1961）．このころのこうしたリリィの研究は「イルカは知的な動物」というイメージを流布させ，当時，一世を風靡するまでになった．しかし，もともと声帯のないイルカにヒトと同じ発音をさせることには無理があり，結局，リリィの行ったそれらの研究はいずれも成功を見ずに終わっている．

その後，1970年代後半になると，人工言語を介した手法を取り入れた研究が始まった．これも第1章で紹介したが，ハワイ大学のハーマンはコンピューターでいくつかの合成音をつくり，その1つ1つの音にそれぞれものの名前や事象を対応させた．そして，それをフェニックスという名のイルカに呈示し，音に対応したものや事象を選択させることで音ともの（事象）との対応を理解させた．また，それぞれの音をイルカに模倣させ，イルカにその模倣した音を発せさせることによってものの名前を答えさせた（Richards *et al.*, 1984）．

その後，ハーマンは視覚性の刺激を媒体として用いた言語研究に取り組んだ（たとえば，Herman, 1980, 1986 ; Herman *et al.*, 1984, 1993 などに概説）．

それは，やはり初期のチンパンジーの言語研究で行われていたようなハンドサイン（身振り言語）を用いたもので，ハンドサインのそれぞれに意味を持たせて，その意味をイルカに学習させるというものである．それらのハンドサインを組み合わせて「文」をつくりイルカに呈示し，それを理解できるかを試した．アケアカマイという個体が最初の被験体であるが，順調な成果を見せ，やがて名詞，動詞，修飾語など40ほどの単語を覚え，単純な2語文から複雑な5語文に至るまで，2000種類ほどの文を理解することができるようになった．また，語順などの文法も理解し，さらに転置的な概念や有無の概念も獲得できることが明らかとなった．

このようなイルカの言語能力の研究に関しては，ハーマンは積極的に言語学の用語や考え方を採用して結果を説明しているが，これに対して上述のシュスタマンは，あくまでも条件付けなどの心理学的な作用の結果として考えており，両者の見解は異なっている．

このように，バンドウイルカでさまざまな手法により実験的な検証が行われた結果，イルカも言語能力を有することが示唆されている．しかしながら，ハーマンの行ったこれらの一連の研究は語の「理解」に焦点を当てたもので，語の「産出（表出）」については試みられていない．イルカにしてみれば，ヒトのいっている（表現している）ことはわかるけれども，自分のほうからなにか「意思」を示したくても，それを表現できる手法ではなかったわけである．

8.3　シロイルカにおける言語研究

前節までで，動物に言語を教える試みについて，海獣類も含めいくつか紹介してきた．その中でイルカ類においてこれまで系統的に研究が行われてきたのはハーマンによるものだけで，それは主にハンドサインを用いた言語研究であった．しかし，ハンドサインを呈示できるのは実験者，すなわちヒトだけであり，腕のないイルカのほうからはサインを出すことができない．すなわち今までのやり方はヒトからイルカへの一方向性のみの「表出」ということであり，イルカはそれを「理解」するだけであった．

私は「イルカと話したい」という夢のような話をいだいてきた．その命題

図 8.1 被験体「ナック」．（鴨川シーワールドにて撮影）

に論理的かつ科学的な手法として挑む方策として，ヒトからイルカに対してだけでなく，イルカからヒトに対しても呈示（指示，表示）できる双方向の関係を構築する手法を考え，それを用いてイルカの言語訓練を行いたいと思った．冒頭の章で「イルカと話す」ための研究デザインを紹介したが，ここでその最終段階の「入口」にたどりついたことになる．「入口」なのでまだ発端の段階にすぎないが，現時点までの成果について少し紹介したい．

　私の研究はシロイルカを被験体とした．もともとハーマンの研究によってバンドウイルカに事物や事象へのラベリング能力があることが示されているので，私は種を変えて，鴨川シーワールドで飼育されている「ナック」という名のシロイルカ（図 8.1）を被験体として選んだ．この個体はふだんから水族館で弁別やことばの理解に関したパフォーマンスを披露しており，数々の私の認知実験にも付き合ってくれている．本書で私の研究としてたびたび登場してきたシロイルカは，実はこのナックが被験体である．彼は，認知的な課題の研究には豊富な「経験」を積んだ"戦友"である．

　そんなナックで，さて，なにから始めるか．

　たとえば，英語というものは単語を知らなければなにもわからない．江戸

時代，船が難破してロシアの地へ流れ着いた大黒屋光太夫も，まずは現地の単語を覚えることから始めたらしい．そもそも，語学はみなそうであろう．そこでイルカへ言語を教える研究も同様と考え，ナックに単語を教えること，ものへラベリングさせることから始めることとした．すなわち，ものの名前を教えるのである．これを「命名」という．さまざまなものには名前があり，それを共有できれば情報の交換が可能になる……という発想である．

どのようにして教えるかについては，ヒトの例が参考になる．

初めて英語を習ったときのことを思い出してみよう．英語の時間，先生が手に持ったペンを見ながら，われわれはそれを「ペン」と発音することを覚えた．また，その逆に「『ペン』はどれ？」と先生に尋ねられたら，即座に机の上にあるペンを取り上げることができた．このように，「AならばB」を学習したとき「BならばA」が自然と成立すること，これを対称性と呼ぶ（図8.2）．

また，「ペン」と発音できたとき（図8.3①），次に，その発音が示すスペルが"pen"であることを覚えた（図8.3②）．すると，先生が手にペンを持ったときに，ほとんど練習もなしで，また，わざわざ発音をしなくとも，ノートに「pen」という文字を書けた（図8.3③）．つまり，実物のペンと発音の「ペン」の関係，そして「ペン」という発音とpenという文字との関係の2つの関係がわかると，特別な訓練をしなくても，実物のペンを見てすぐに紙に「pen」と書くことができる．このとき実物と文字との間の関係，すなわち「AならばB，BならばC」を理解したとき，なんの訓練もなく「AならばC」を理解できるとき，「推移性」が成立しているという．

このように，実物とその発音，それが示す文字の関係を双方向的に理解して，初めてそのものの名前を覚えたといえる．上述の「ペン」という単語も，

図8.2 対称性（模式図）．

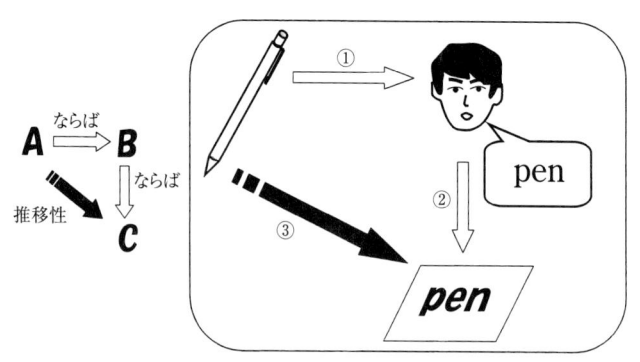

図 8.3　推移性の模式図．「ペン」と発音できたら（①），次にその発音が示すスペル（"pen"）を覚えた（②）．すると，ペンを持っただけで，「pen」という文字が書けた（③）．

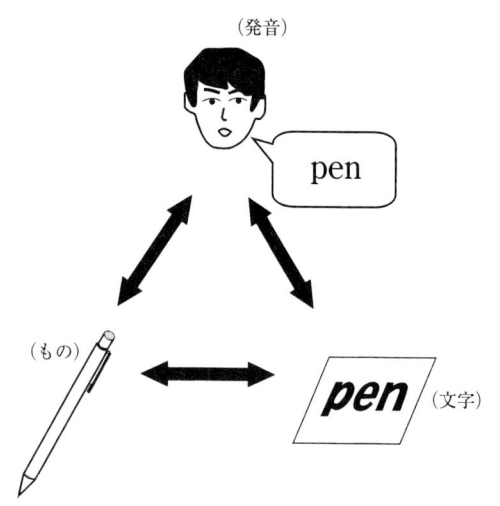

図 8.4　「命名」とは，「もの」「文字（記号）」「発音」の三者が同時に成立して，初めて「名前がついた」ことになる．

図 8.5 実験に使用したもの（フィン，マスク，バケツ，長靴）．

これらの関係を理解したから，「その単語を覚えた」といえるのである（図8.4）．われわれはふだんの生活で，無意識のうちにこういう関係を理解して，実に多くのものの名前を覚えている．もちろん，それは名詞だけに限らず，動詞や形容詞やさまざまな品詞で行っている．

そこでナックにもこれらの関係を1つずつ教え込んでいこう．もしも，ものについての対称性と推移性とが自発的に成立することが可能ならば，そこで単語へのラベリングが可能ということになる．こうしてナックとの長い付き合いが始まることとなった．

なお，実験では，突然，ナックが見たこともないような突拍子もないものを使うと，それに慣らす時間が必要になる．そこで，ナックがふだんから見慣れているもの（フィン，マスク，バケツ，長靴：図8.5）を使用することとした．

8.4　聴覚性人工言語による命名

シロイルカは「海のカナリア」と呼ばれるように，ふだんからさまざまな

鳴音を発する．実ににぎやかで，美しい"声"である．擬人的に考えてはいけないが，しかしその抑揚のきいた鳴音は，ときとしてわれわれになにかを語りかけているようにも聞こえる．そこで，ナックに単語を教える訓練はこの鳴音を使った方法で……と決めた．この鳴音をベースとして，音による命名すなわち聴覚性刺激による命名から始めることにした．はたして，ものの名前を自分の鳴音で呼ぶことはできるようになるだろうか．かくして，「しゃべるイルカ」を目指す研究が始まった（Murayama *et al.*, Submitted）．

（1）ものの名前を"呼ばせる"

いうまでもなく，私たちはものには名前があることを知っている．たとえば，「カップとって」といわれればコーヒーを飲むときの容器を持っていくし，「リンゴが食べたい」といえば，赤くて丸い果物を買ってきてくれる．しかし，もの自体は見たことがあっても，そのものの名前，つまり呼び方を知らなければなにも始まらない．そこでまずはナックにものの名前の呼び方を教えることにした．上述したような，英語の時間に先生の持つペンの名前を発音して覚えたように，ナックにその訓練をした．

訓練（条件付け）では，それぞれのものに応じて異なる鳴音を発せさせた．たとえば，われわれは水泳用の足ヒレを見て「フィン」と発音するが，それをナックなりの呼び方（鳴き方）で呼ばせるのである．このとき，「回答合

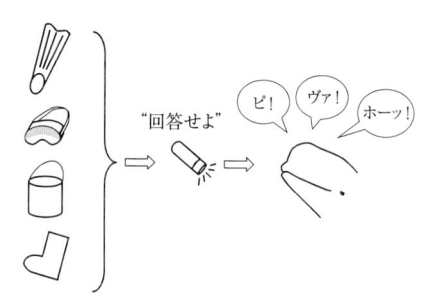

図 8.6 鳴き分け実験（模式図）．4つのもののいずれかを呈示後，回答合図のライトが点灯され，被験体は呈示されたものに応じた鳴音を発する．

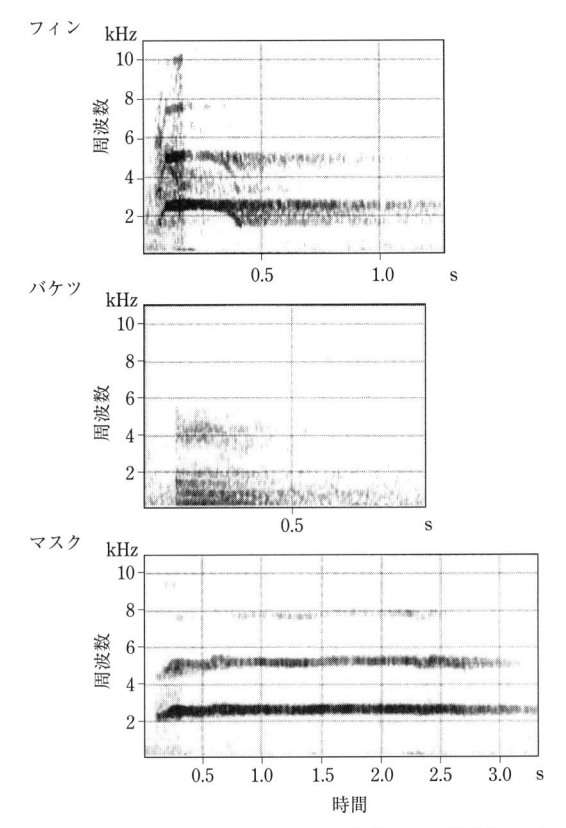

図 8.7 フィン，マスク，バケツの鳴音のソナグラム．バンドのパターンや長さが異なる．

「図」の訓練もした．つまり，ものを呈示し，そのあとで「回答しなさい」（ここでは「鳴きなさい」）の意味を持つライトを点灯した．被験体は，それが点灯したら反応するように訓練されたのである（図 8.6）．

実験は，フィンを呈示した場合は高くて短い音，マスクのときは高くて長い音，バケツを見せたら低くて短い音，そして長靴はやや高くて短い音（図 8.7）……といった具合に，それぞれの呈示したものごとに異なる音で鳴かせることとし，こうしてものに応じた「鳴き分け」を行わせた．訓練を始めると，はじめは混乱していたが，徐々に見せたものに応じて鳴き分けるよう

になっていった．そして，やがて高い正解率を出すようになった．反応もすばやいし，見るからに安定している．これでナックは，まずはこれら4つのものの呼び方を習得した．

（2）呼ばれたものを"選ぶ"——対称性の理解

しかし，こうしてそれぞれのものに対応した鳴音で鳴くことを学習できたとしても，この段階ではまだ音で命名したことにはならない．単に，見本に合わせて条件性弁別的に応答しただけかもしれない．コーヒーをそそぐときの容器を「カップ」と呼ぶことができても，その反対，つまり，「カップはどれ？」と聞かれて，戸棚にあるたくさんの食器の中からちゃんと選べるか……ということである．もちろん，ヒトはこんなこと，つまりものと名前の間の双方向的な関係を，至極あたりまえに理解している．対称性を無意識のうちに獲得しているからである．

では，ナックではどうだろう．そこで次に今までの訓練の逆，すなわち鳴音を聞いて，それがなにを表しているかを理解できるかを検証した（図8.8）．

まず，水族館のお手製の実験装置にフィンとマスクを引っかけて，ナックの目の前に呈示した（図8.9）．そして，あらかじめ録音されていた上記のものに応じて鳴いた鳴音をプレイバックしてスピーカーから流し，目の前に呈示されているものの中から，それぞれの音に対応するものを選択させた．つまり，スピーカーからフィンを表す鳴音（録音）が聞こえたらフィンを，マスクを示す鳴音が流れたらマスクを選ぶといった具合である．その結果，ナックはスピーカーから聞こえてくるフィンとマスクの鳴音（録音）を「聞き分け」て，それぞれに対応したものを正しく選択することができるようになった（図8.10）．これで，ものに応じて鳴き分けることも，また，聞かされた音に応じてものを選ぶこともできた．

しかし，実はこれでもまだ音で命名したとはいえない．呈示された見本刺激（音）に応じて，対応する反応（対応するものを選ぶ）を学習したにすぎないかもしれないからである．1つのものについて双方向の関係を理解したとはいえない．そこで最後の段階では，プローブ試行として，これまで鳴き分けは理解しているが，聞き分けについてはなんの条件付けもされていない

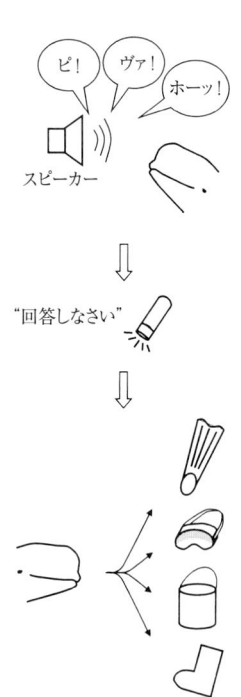

図 8.8 聞き分け実験（模式図）．スピーカーから流れる音に応じたものを選択する．

図 8.9 比較刺激の呈示．呈示装置に引っかけて呈示された．（鴨川シーワールドにて撮影）

図 8.10 吻タッチによる選択．（鴨川シーワールドにて撮影）

鳴音（長靴の音）を突然聞かせてみた．もしも，被験体が鳴き分けで呼んだ鳴音がそのもの自体を示していることを理解していれば，その音を聞かせれば，訓練されていなくともそのものを選べるはずである．

さあ，やってみる．

　　実験者：長靴を呈示する（「これはなに？」の意味）

　　ナック：やや高くて短い鳴音を発する（「長靴！」と発音している意味）

　ここまでは条件付けができている鳴き分けだから，当然正解する．そこで，プローブテスト．このとき，「AでもなくBでもなく（＝フィンでもなく，マスクでもなく）」という排他的な考え方で選択するのを避けるため，比較刺激には長靴と，この実験では初めて登場するタワシとコーリング用の金属（イルカを呼ぶときに使う）を呈示した．長靴の音を「フィンでもなく，マスクでもなく」という学習の仕方をしていたら，長靴とタワシ（またはコーリング）の両方をそれぞれあてずっぽう的に選択するであろうし，鳴音と長靴が結びついているのであれば，長靴のほうだけを有意に選ぶはずである．

　　実験者：やや高くて短い鳴音を呈示（「じゃあ"長靴"はどれ？」の意味）

　　ナック：長靴に吻タッチ

　ナックは即座にその音に対応するもの（長靴）を選択した．教えてもいない（訓練もしていない）関係を自発的に獲得したのである．この実験の全体の正解率はいずれも80％以上であった．あてずっぽうの確率よりも有意に高い．つまり，ものに応じて「鳴き分ける」ことを学習した被験体は，その逆の課題である「呈示音を聞き分けて，音に対応するものを選ぶ」ということをなんの訓練もなしで学習したことになり，自発的な対称性が示された．

　これでナックは少なくともフィン，マスク，バケツ，長靴の4つについて，それぞれの「名前を呼ぶ」こともできるし，「呼ばれたものを選ぶ」こともできるようになった．すなわちものと名前の間の双方向的な関係を理解した（Murayama *et al.*, Submitted）．

（3）模倣

　最後の検証は「模倣」である．模倣は自分で命名したものを自分で示唆するものであり，「命名」において不可欠な要因である．

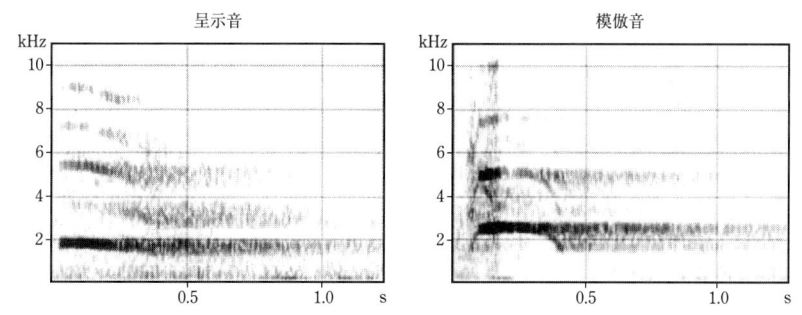

図 8.11 「フィン」の呈示音と模倣音のソナグラム. 両者で音の高低, パターンともよく似ている.（早坂, 2006）

　ここでは「音をまねる」こと自体を教えたかった. そこで, マスク, フィン, バケツ, 長靴を表す鳴音（録音）をスピーカーから呈示し, それについて被験体がまねをしたら, それを強化した. すると, やがてその音がスピーカーから聞こえてくるや, 正確にそれらの鳴音を模倣するようになった（図 8.11）. しかし, これだけでは単なる条件反射の結果にすぎないかもしれない. そこで, それらの音に対してだけでなく, プローブ試行として, 突然, 新規な鳴音（ふだんのナックの鳴音をあらかじめ録音しておいたものだが, ナックは一度も訓練経験のない音）を聞かせてみた. するとナックは, それについても自発的に模倣した. このとき, 呈示した音と模倣音についてソナグラムを作成して解析したが, 呈示音と模倣音は非常によく似ており, 正確にまねをしていることが明らかとなった（Murayama *et al.*, 2007, Submitted）. さらに, ナック自身の鳴音だけでなく, ヒトの肉声でなにか音を出してみても, それもほとんど同じようにまねができた. つまり, ナックは聞かされた音を「まねをする」ということを完全に学習したといえる.

　もっとも, もともとイルカは模倣の能力があり, 音や行動などをまねすることが知られているが, ここではその能力を反映して, 初めて呈示された音をも自発的に模倣したものだと考えられる.

（4）音による命名は完成したか

　さて, これまでは3つの課題（鳴き分け, 聞き分け, 模倣）を独立して検証してきた. しかし, たとえばわれわれヒトの日常生活における言語では,

当然，これらはごちゃ混ぜになって使われている．果物屋に行って「リンゴちょうだい」といったとき（＝"リンゴ"と鳴き分けたことを意味する），お店の人から「リンゴは売り切れ．今日はミカンが安い」といわれたので，そこで並んでいる野菜や果物の中から黄色い丸い果物を選び，手に取ってみる（＝"ミカン"を聞き分けたことになる）．そして，「ああ，ミカンかあ」とつぶやく（＝模倣）……こんな感じである．このように，鳴き分け，聞き分け，模倣の三者が融合されて，無意識かつ臨機応変に使用されて初めて「語」として機能したといえる．

そこでイルカの最後の段階の実験として，上記の3課題をランダムに混合して行ってみた．長靴の鳴き分けをしたかと思うと，バケツの聞き分け，ついでマスクの鳴音の模倣……といった具合である．被験体にとっては，ものを選んだり，鳴いたり，まねさせられたりするばかりか，見本のものや音もめまぐるしく入れ替わるわけなので，実にあわただしい．しかし，ナックはそれらが連続して呈示されてもほとんど戸惑うことなく，いずれについても高い正解率を示した．

こうしてナックはものに対応する鳴音を正確に発すること，換言すれば「表出」することができ，また，それと対称的な関係にある，呈示された音が示すものを自発的に正確に選択すること，つまり音の意味を「理解」することができた．そして模倣によって，呈示されたものを自分で示唆することもでき，さらにこれらの課題をすべて混合しても，ほとんど混乱することもなく，高い理解を示した．しかもそれらを自発的に獲得している．これらのことから，ナックはここで用いた4つのものにそれぞれの鳴音で命名することができたことが示された．まだわずか4つのものであるが，呼び方は違うといえども，私たちと同じようにものに音で「命名」できた．これは1つの共通したものについて，ヒトもイルカも同じ媒体で指示をすることができることを意味し，ヒトとイルカで双方向にやりとりできる端緒となったといえる．

「しゃべるイルカ」の第一歩が完成した（以上，Murayama *et al.*, Submitted）．

8.5 視覚性人工言語による命名

前節で音を媒体とした命名が獲得できた．しかし図 8.2 にあるように，ヒトの言語では声だけではなく，文字も理解できなければならない．そこで，もう 1 つの段階として，ナックに記号でものにラベリングすること，記号で名前を教えることをしなければならない．

「読めるイルカ」を目指す実験についての話である．

（1）記号の表出

まず最初に実験に用いたものはフィンとマスクである（図 8.5）．また，文字（記号）として，アルファベットの T を逆さにした⊥と R を用いた（図 8.12）．これらのアルファベットを採用したのは，ハト（Blough, 1982）やチンパンジー（松沢，1991）の知見から，これらの動物にとって T と R は似て見えない文字と判断されるので，それに準拠した．さらに，T と R を重ねたとき重なる面積を最も小さくするため，T を逆さにした⊥を刺激とした．このように似て見える要素を排除するのは，被験体が課題を遂行したとき，その記号が互いに似て見えるために選択が混同することのないようにするためである（たとえば選択を誤ったときに，課題を理解できずに誤ったのか，記号が似ているために見間違えたのかが判然としなくなる）．

実験の模式図を図 8.13 に示す．まず，被験体にフィンまたはマスクのいずれかを見本として呈示し，それから比較刺激として⊥と R の 2 つの記号を呈示した．そして，フィンの呈示に対しては⊥，マスクの呈示に対しては

図 8.12 呈示した記号（文字）．

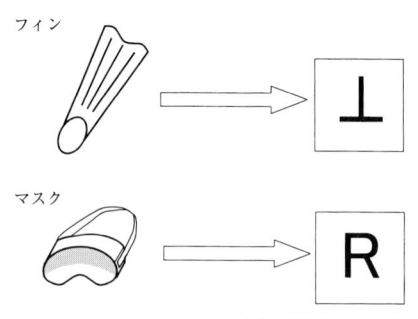

170　第8章　言語——イルカに「ことば」を教える

図 8.13　ものと記号の対応（模式図）．記号（文字）による表出．

Rを選択したときにそれぞれ強化した．

　実験を始めてみると，当初は選び方もまちまちで，正解率も低かった．しかし，そのうちさほど混乱することもなく，正しく選択するようになっていった．こうして，まずは2つのものについて，それぞれ対応した記号を選ぶことができるようになった．

　ものに対応する記号を選択させる課題について，予想以上に混乱が少なかったのは，もともとナックは目の前に呈示されたものからいずれかを選択するということを，水族館のパフォーマンスでも，また，私との数々の実験でも経験していたので，これまでのそういった経験から，そういった課題を与えられると，すぐに「選ぶ基準はなにか」という発想ができるのかもしれない．

（2）対称性の検証

　さて，聴覚性の人工言語の実験の場合と同様，まだこれで記号でのラベリングができたことにはならない．本当にそれを覚えたといえるためには，対称性が成立しなければならない．記号から対応するものを選択できなければならないのである．

　そこで，実験（テストセッション）に入った．まず強化試行として，条件付けと同じ上記の試行をランダムに行い，その3-4試行に一度の頻度で，プローブ試行として強化試行とは逆の試行，つまり⊥またはRを見本刺激として呈示後，選択肢としてフィンとマスクを呈示した．このときいずれを選

んでも強化はしなかった（全消去）．強化試行では被験体の反応は非常に早く，むしろ次の試行をせかすような行動も見せ，高い正解率であった．条件付けが維持されていることがわかる．しかし，途中に挟んだプローブ試行になると明らかに行動が異なり，被験体は首を左右に振り，選択にも明らかに時間がかかっていた．結局，プローブ試行では選択率の値も有意なものとはいえず（図8.14），行動を見ていると，むしろあてずっぽうに吻タッチしたようなしぐさであった．これらのことから対称性は成立していないことが示された（村山・鳥羽山，1997）．

こうしてシロイルカでは，対称性は成立しなかった．なぜだろう．

ヒト以外の動物では対称性が成立することはほとんど稀で，これまで報告されているのはカリフォルニアアシカ（Schusterman and Kastak, 1993）とチンパンジー（Tomonaga *et al.*, 1991）だけである．アシカについては，アシカが群れを有し社会性を持つことが，呈示された刺激間の組み合わせを臨機応変に解釈できる根拠と論じられているが（Schusterman and Kastak, 1998），これらの点はシロイルカの生態においても変わらない．すなわち，対称性の成立が必ずしもアシカのそうした生態に起因したものとはいいきれない．アシカにおいて対称性が成立した理由として，実験に用いた刺激セットの多さが起因しているという考え方がある．また，被験体となったアシカは，その研究以外にもさまざまな研究に供され，よく訓練されている個体であるため，そのような訓練の経験や課題の内容が転化したり，種々の強化履歴が影響しているとも考えうる．

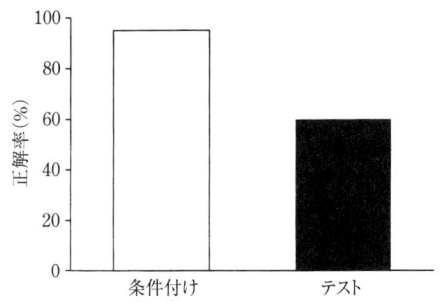

図 8.14 対称性の結果．テストでは正解率が低かった．（村山・鳥羽山，1997 より改変）

では，なぜシロイルカでは対称性が成立していないのか．この実験だけではその理由ははっきりしないが，この実験では用いられた実験のセットが少ない（2種類）ことも原因の1つかもしれない．その他に，一般的に考えてシロイルカの生態における「経験」が関与している可能性がある．対称性はいわば「逆に考える」ことである．野生で生きるシロイルカたちにとって，さまざまな事象間に構築された関係について，「逆に考える（たどる）」必要性がどれだけあるだろうか．餌を探すイルカたちが，海上を飛ぶトリの群れを手がかりに，その下にいるかもしれないサカナの群れをめがけることはあるかもしれない．しかし，遊泳中に偶然サカナの群れに遭遇したイルカはそこで狂喜乱舞することはあっても，そのとき海の上をどんなトリが飛んでいるかなど，考えもしないだろう．たとえばこのように，イルカの生態において逆向きの考えを要する場面が少ないことが，対称性の発達に影響を及ぼしているかもしれない．

（3）「勉強すれば賢くなる」

多くの動物で対称性が成立していないことはすでに述べたとおりである．しかし，チンパンジーでは対称性の訓練を反復することによって，自発的な対称性の成立が見られている．これはいくつかの強化履歴が対称性の成立に影響しているからかもしれない（友永，2008）．

さて，上述の「(2) 対称性の検証」では対称性は成立しなかった（村山・鳥羽山，1997）．ナックは対称的に考える能力がないのであろうか．言語の可能性は否定されたのであろうか．そこで私はこの「(2) 対称性の検証」を再度実験してみた．最初に実験をしたときから10年後に，まったく同じ手続きで同じ個体を用いて再度試みることにしたのである（村山ら，2008）．

再実験の方法は，当然，上述したもの（10年前の実験）とまったく同じである．そして，テストセッションでは強化試行60試行，プローブ試行20試行を行った．その結果，今度はなんと図8.15のような結果となった．プローブ試行，つまり強化試行に混ぜて行った対称性の試行では正解率80%と，有意に高い値であった．被験体は同じナックであったが，その行動は10年前とは顕著に異なり，安定した様子で選択をし（図8.16），（擬人的にいえば）"自信満々で"次の試行の課題が出るのを待っているような様子で

あった．強化試行を見ると，選択時の行動もプローブ試行同様に落ち着いており，全体として90%の高い正解率であったことから，実験中は弁別学習が維持されていたと考えられる．

　10年前に行われたまったく同じ試行の実験では，確かに対称性は成立していなかった（図8.15）．しかし，それからの間，対称性に関する訓練やテストはまったく行われていなかったにもかかわらず，今回，今度はその成立が示された．なにがあったのだろう．なお，当然実験に関しては厳密に行われたことはいうまでもない．

　そこにはこの10年間に被験体が経験した多くの行動履歴が関与している（友永，2008）ことが推察される．先述のとおり，これまで海獣類ではカリフォルニアアシカ（Schusterman and Kastak, 1993）が，唯一，ヒト以外の動物で自発的な対称性が見られた例であったが，彼らは実験に際して多くの見本合わせ訓練を重ねたり，試行に用いた刺激が30種類にも及ぶなどの方法をとっている．このため，被験体自体が多くの強化履歴を持つことが対称性を学習した理由とされている．本研究で用いた被験体はこの10年間に一度も今回の実験は課されたことがなかったが，そのかわり本書でたびたび紹介してきたような数々の見本合わせに関する課題，条件性弁別課題等のほか，推移的推論の訓練にも供されてきた．

　さらに，この被験体のナックは「8.4　聴覚性人工言語による命名」で述べたように，音（聴覚性人工言語）を用いた言語研究に関する実験では対称性の課題を経験している（Murayama *et al.*, Submitted）．したがって，再実験では用いた刺激媒体は異なるものの，被験体にとっては課題の構造は同じものとしてとらえられていた可能性がある．また，ナックはもともと飼育されている水族館において，さまざまな弁別のパフォーマンスに供されている（図8.17）．こうした数々の認知実験などの経験やパフォーマンス種目によってなんらかの応用が働いた結果，対称性の成立した聴覚刺激による課題と課題間の転移として，自発的に視覚刺激における対称性が成立したものと推察できる．種々の認知的な課題や言語訓練における行動の履歴が対称性の成立に寄与することが指摘されているが（Yamamoto and Asano, 1995），当初成立しなかった対称性が，その後の多くの認知的試行による経験，換言すればいくつかの強化履歴を通じて成立する方向へ改変されたことを物語ってい

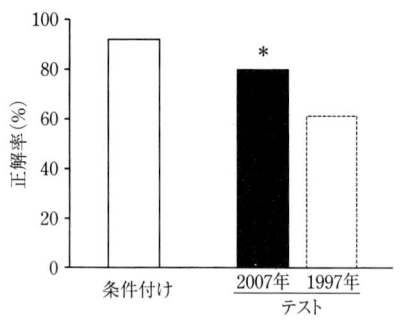

174　第8章　言語——イルカに「ことば」を教える

図 8.15　2007年に行った対称性の結果．10年前（1997年）の実験に比べ，正解率が高まっている（$*: p<0.05$，二項検定）．（村山，2008より改変）

る．

　イルカが群れの中で繰り広げる個体間のやりとりは種々の学習経験（行動履歴）になっているはずである．そういう経験の中には双方向の関係にある事象も含まれていることは想像に難くなく，そのような強化履歴が対称性の発達に重要になっているのかもしれない．

　イルカだって「勉強すれば賢くなる」のだ．

（4）推移性の成立

　次に，推移性について検証をした（村山・鳥羽山，1997）．海獣類の推移性については，すでにカリフォルニアアシカについてその成立が報告されている（Schusterman and Kastak, 1993）．

　実験は図8.18のように行った．すなわち，まず条件付けの試行である「フィンまたはマスクの呈示に対して，それぞれ⊥とRを選択する」訓練を行った．さらに，この訓練とは時間を変えて，今度は⊥またはRのいずれかを見本として呈示し，それからギリシャ文字のπとΣの2つの記号（図8.19）を比較刺激として呈示した．ちなみに，どのギリシャ文字を採用するかについては特に参照すべき知見がなかったので，私の周囲の人のアンケートを参考に，「間違えにくい」πとΣを選んだ．ナックが，⊥の呈示に対してはΣ，Rに対してはπをそれぞれ選んだときに強化した．図8.18に示し

図 8.16 記号の選択．吻先でタッチしている．（鴨川シーワールドにて撮影）

図 8.17 被験体のパフォーマンス種目．目隠しをされた被験体が，見本合わせによりエコーロケーションを用いて金属板を選択する．（鴨川シーワールドにて撮影）

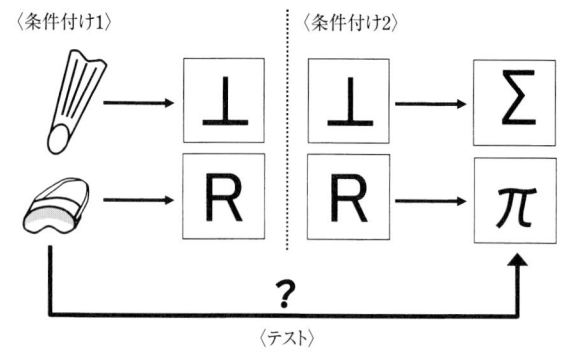

図 8.18 視覚刺激における推移性の実験（模式図）.「ものからアルファベット」「アルファベットからギリシャ文字」をそれぞれ条件付けした場合,「ものからギリシャ文字」を選択できるか（テスト試行）.

たように，これら2つの訓練を完全に独立して行い，「ものに対して特定のアルファベット」「特定のアルファベットに対しては特定のギリシャ文字」をそれぞれ確実に選択できるようになるまで訓練をした．

これらの2つの訓練では，ほどなく各セッションごとの正解率が高い値で維持されるようになった．基本的には象徴見本合わせであるが，ナックにとってさほど困難な課題ではない．そこでこれらの条件付けが完了したとして，実験（テストセッション）に入った．

実験では，強化試行として，上記2つの訓練の試行をランダムに行い，3-4試行に一度の頻度で，プローブ試行として，フィンまたはマスクを見本として呈示後，πとΣのギリシャ文字を比較刺激として呈示した．プローブ試行は強化しなかった．被験体にとっては「ものからアルファベットを選ぶ」ことや「アルファベットからギリシャ文字を選ぶ」ことはすでに学習しているが，「ものからギリシャ文字を選ぶ」ことは初めての経験である．さて，どうなっただろうか．

結果は，プローブ試行では首を左右に振るとか，選択しないとかいう行動はほとんど見られず，きわめて反応が早く選択していた．そして，いずれを選択したかを示したものが図8.20であるが，テストでは有意に高い選択率であることがわかる．このことは自発的に推移性が成立していることを示し

図 8.19　呈示した記号（文字）．

ている．すなわち，被験体が経験（学習）したのは「ものとアルファベットの対応」と「アルファベットとギリシャ文字の対応」の2つだけであるが，その結果，「ものとギリシャ文字の対応」という新たな関係を理解・構築できたわけで，あらかじめ与えられた関係から推察して，新たな関係を認識したということである（村山・鳥羽山，1997）．

　このことについて少し説明すると，ヒト以外の動物において，推移性が成立する例は少なくない（山﨑，1999）．推移性は一方向に考えを進めていくものという見方をすれば，野生動物では，ふだんの生活においてそういう経験はあるかもしれない．イルカは社会的な動物であり，種々の社会行動を営んでいることは前述のとおりである．イルカは顕著な順位制を持たないといわれているが，そこでいう「順位」とはあくまでもイヌやオオカミなどに見られるような著しい順位制のことである．しかし実際，水族館などで1つの水槽の中で複数飼育されているイルカたちを見ていると，そこには大なり小なり，明らかに個体間に優劣や強弱の関係が存在していることが多い．したがって，野生でもそのような（ゆるい）順位制があることが考えられる．そういう状況において，たとえば「A（という個体）よりもB（という個体）が強い」「BよりもCが強い」……「では，一番強いのは？」という思考の経験が多くあってもおかしくない．あるいは，上述したイルカがトリの群れを餌のサカナの手がかりとしている話でも，「あれはトリ→トリならばサカナ」といった一方向的な考え方を学習しているかもしれない．いずれにせよ，イルカはそういった経験が積み重なってきたことによって，推移的な思考方法が身についたと考えることもできよう．

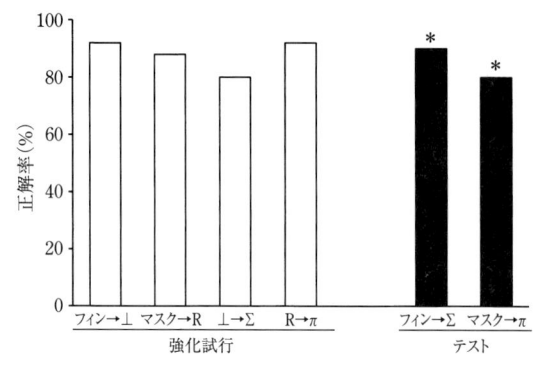

178 第 8 章 言語——イルカに「ことば」を教える

図 8.20 推移性の結果．テスト試行で有意に高い正解率を示している（*：$p<0.05$，二項検定）．（村山・鳥羽山，1997 より改変）

（5）「読める」イルカ

さて，こうしてマスクとフィンの 2 つについては，それぞれに対応する記号を選ぶ「表出」と，それとは対称的な関係にある記号が意味するものを選択する「理解」の双方向の関係が獲得できた．もっと数を増やしたい．そこで，フィンとマスクのほかにバケツと長靴を追加した．バケツに対してはアルファベットの V を横にした「＜」，長靴に対してはアルファベットの「O」を対応することとして，同様の実験を行った．まだ実験途上であるが，これらのものについても，ものに対する記号の関係を順調に覚えていっている．

「読める」イルカに大きく前進しつつある．

8.6 人工言語によるものへの命名とその後

上述してきたように，フィン，マスク，バケツ，長靴について，聴覚性人工言語では音を使ってそれらの名前を覚えることができ，視覚性刺激についても対称性や推移性が獲得できることが明らかになった．すなわち，これらのものについて，音や記号で表出し，逆に音や記号の意味を理解できた．そ

8.6 人工言語によるものへの命名とその後　179

こでこれからはもっとものを増やして，音や文字も増やして，単語を覚えさせていきたい．

　ちなみに，ここで紹介してきた一連の実験において，テスト試行では，強化試行であれ，プローブ試行であれ，強化は一切しなかった．ナックにしてみれば，たとえ正解を選択しても餌がもらえず，それが何試行も続いたわけである．しかし，集中力はほとんど落ちることなく，次々と試行に反応してくれた．むしろ次の試行を催促するような顔つきですらあった．第4章で触れた「餌がほしくて実験しているのではない」ことがおわかりいただけるだろうか．

　さて，ヒトの言語はもっと複雑なことをしている．本章「8.3　シロイルカにおける言語研究」で例に出した英語のペンを覚えたときの話を思い出してほしい．ヒトは音で覚えたものと視覚で見たものをごちゃ混ぜにして，難なく使いこなしている．ほとんど意識もなく，視覚と聴覚を融合させている．

　イルカでもこれができたらすばらしい．ここまで説明してきた「聴覚性人工言語」と「視覚性人工言語」を融合する実験が必要だ．「実物を見て対応する鳴音」「鳴音を聞いて，対応する文字」を覚えたら，はたして実物から直接，文字を選ぶことができるだろうか（推移性のことである）．

　これらの実験も現在進行中である．また機会を見てご紹介できればと思うが，実はこれについても期待の持てる成果が出始めている．

　もしかしたら，イルカと話す日が少し近づいたかもしれない．

第 9 章　これからの認知研究
——共同研究へ向けて

　さて，これまで私の行ってきたイルカの認知研究について一通り紹介をしてきた．しかし，ここに紹介していない事例も，まだたくさんある．一人でいろいろ手を広げたため，ここまでの研究でなにがわかったのかということを一言でいうことは難しい．また，同じ分野の"同僚"がいないため，助け合う仲間も少なく，非常に効率の悪い研究者となってしまった．「認知」の研究もやってみれば面白いはずなのだが，まだまだその魅力を世の人々に伝えきれていないようだ．

9.1　人気のないイルカ認知研究

　少し乱暴な言い方だが，日本ではイルカは長い間，「獲物」としての存在であった．しかし，イルカブーム（「はじめに」参照）を境に海外からの情報の出入りが活発になり，イルカが「身近な」動物になるにつれ，イルカについて多様な価値観が生まれるようになった．そして，そうした風潮を追い風に，イルカ研究にも新しい流れが生まれたのである．

　それまでの「食べるイルカ」が象徴するように，日本のイルカの研究は「水産学の中の鯨類学」だった．しかし，そこに「動物学の中のイルカ学」が芽生えた．優雅で華麗に水中を泳ぐイルカをありのままにとらえ，追究しようとする「イルカ学」である．こうしてイルカの感覚，行動，生態といった分野に関心が持たれ始めるようになったのだが，もちろん，私の専門の「イルカの認知科学」もそのメンバーの一員のはずである．

　日本では，イルカのいる水族館はたいへん人気が高い．各園館で趣向を凝らしたパフォーマンスを披露しているが，それにより，水族館はイルカの持

つ高い能力や特性を紹介し，理解してもらうという教育的な意義を果たしている．そういった水族館の目的は私の研究にもよくマッチしている．日本の水族館は飼育技術，訓練技術も高いので，認知研究には適している．

このように，「動物学としてのイルカ学」，換言すれば"生きて動く"イルカを研究する気概が勃興・定着し，その1つとして「知能」を研究する意義・目的や研究の場所といったことなどが整ってきた．しかし，研究者が増えない．重厚な機材と長時間の移動，そして多額の費用を必要とする野生のイルカ研究に世の人々の関心が集中している．ある年の海獣類に関した国際的な学術雑誌をのぞいてみると，特集を除き，直近の3年間で掲載された論文が約90ある中で，飼育下の個体を対象としたと思われるものは20にも満たなかった．さらに，「認知」の分野では数編，つまり全体の1割にも満たなかった．飼育下のイルカを対象とした行動実験は人気がないままである．霊長類や鳥類の認知を研究している大学や研究機関はあちこちにあり，その研究室には，毎年，たくさんの学生がおり，また，後継者も順調に育っているようだ．イルカの認知研究の世界とは大きく異なる．

さて，なにが違うのだろう．

9.2 「水との戦い」

水族館の研究でも動物園の研究でも，研究者にとっては「よその機関・他人の施設のもの」を使って研究をする．よって，どうしても制約の多い研究となる．水族館も動物園も研究のための施設ではないので，園館の業務が優先されるのが当然であり，そのため研究を行うときには園館との綿密な協議が必要となる．

水族館も動物園も動物を展示している施設である以上，どの動物も「花形商品」である．危険な行為や動物の生命を脅かしかねない所作（たとえば，解剖など）はできない．さらに対象動物が大型の場合，実験の進め方も困難が伴う．

このように水族館の研究でも動物園の研究でも，まずこれらの問題をよく認識しなくては研究を始めることができない．しかし，水族館における研究では，動物園とは大きく異なる点がある．それは「水との戦い」である．

第9章 これからの認知研究——共同研究へ向けて

図 9.1 ハワイ大学ココナッツ島の研究施設.

そもそも水の中というものは，明るさや水の反射，水質などが影響して，見にくいところである．これは動物にとってもそうであるらしく，私は，透明度の悪いときに，明らかに動物の意欲が減退していることを何度か経験した．それから，実験や観察はプールサイド，つまり水辺で行われる．しかも海水であるので，高価な機器類の使用には神経を使わなければならないし，また，金属製のものはすぐにさびてしまう．図9.1はイルカの音声研究で有名なハワイ大学の施設であるが，やはり木製や塩化ビニール製の実験場である．世界最先端の研究も「水」には勝てないらしい．

水の中にいる動物が相手であるから，実験は水槽内もしくはその周辺でしかできない．つまり，自由自在に実験場所を設けることができないので，陸上動物の場合に比べ，空間の大きさが限定される．また，実験の条件付けなどは水中にいる被験体に対して陸上の実験者が指示や強化をするので，時間もかかり効率が悪い．ときにはダイバーの手も借りての訓練となり，水族館への負担はさらに増すことになる．

このように，水中にいる海獣類を相手に研究を行うには，「水との戦い」をまず克服しなくてはならない．

9.3 イルカ認知研究の今後

　日本でイルカの認知を研究するためには，これからも水族館との密接な関係が不可欠である．水族館で研究をするからには，円滑な協力関係を保ちながら研究をする心構えが必要である．研究をするうえでは水族館職員の日ごろの経験や"勘"が非常に重要な役割を果たすことも多い．水族館における研究では，水族館に研究自体をよく理解してもらうことがなにより大切なのである．「研究者−テーマ−水族館」の密接な関係を築くことができれば，すばらしい研究成果につながる．

　ただ，こちらが水族館に依頼する研究は，その水族館にとって不可欠なものばかりとは限らない．すでに触れたように（「3.1(9) 研究をするのは誰か」参照），「実験」が現場の職員にとっては，仕事を増やす以外のなにものでもないこともよく自覚しなくてはならない．また，現時点で，日本には公営の水族館はなく（建てたのは国や県，区などでも，運営は財団法人や民間が行っている．つまり，水族館職員に公務員はいない），完全に民営の水族館も多い．したがって，どんなに意義のある「研究」でも，こちらは実験をお願いする立場である以上，それが経営に影響を与えるようなことになってはいけない．

　しかし，水族館の飼育職員にはこの分野に関心がある人も多いので，非常に協力的で，ふだんから培われた動物の観察眼から豊富にアイディアを提供してくれる．水族館との「共同研究」を謳うことは，単に水族館の動物と場所を借りるという意味ではなく，お互いの情報を交換しあい，それをもってイルカの特性を明らかにすることである．研究によって，あっと驚くイルカの特性が見つけられたら，それがわずかながらも水族館にとってメリットになると信じている．

　だが，肝心の研究者の今後について語るならば，現時点では少し心細い．
　イルカの認知研究の原理は，基本的に陸生動物のそれと同じである．だから，陸生動物の認知に関心が持たれるのと同じくらい，イルカの認知に注目があっても不自然ではないはずである．しかし，日本では，野生のイルカの行動や生態についての関心は高いものの，イルカの「認知」に興味がありそうな人は，実は，「イルカ好き」より，陸生動物の研究者のほうが多い．

第9章 これからの認知研究——共同研究へ向けて

　イルカの認知研究は，まだまだやり残されていることはたくさんある．「はじめに」で述べたように，確かに「知能の収斂」を探ることをこの研究の命題の1つとして掲げたが，正直いって，世間にまだそのこと（意義）が十分理解されているとはいいがたい．それが理解されるようになり，イルカの持つ知的特性に関心を持つ人が増えれば，この分野も発展する余地は十分ある．

引用文献

阿部尚・肥後純子. 2005. 飼育下の鯨類における道具への反応に関する研究. 卒業論文, 東海大学.

Acevedo-Gutiérrez, A. 2002. Group Behavior. In : *Encyclopedia of Marine Mammals* (Perrin, W. F., Würsig, B. and Thewissen, J. G. M. eds.). Academic Press, San Diego. pp. 537-544.

アリストテレース. 1998. 動物誌（上, 下）. 岩波書店, 東京.

Asano, T., Kojima, T., Matsuzawa, T., Kubota, K. and Murofushi, K. 1982. Object and color naming in chimpanzees (*Pan troglodytes*). *Proceedings of Japan Academy,* **58** (B) : 118-122.

Au, W. W. L. 1993. *The Sonar of Dolphins*. Springer, NewYork.

Au, W. W. L., Popper, A. N. and Richard, R. F. 2000. *Hearing by Whales and Dolphins*. Springer, New York.

Baird, R. 2000. The killer whale : foraging specializations and group hunting. In : *Cetacean Societies : Field Studies of Dolphins and Whales* (Mann, J., Connor, R. C., Tyack, P. L. and Whitehead, H. eds.). The University of Chicago Press, Chicago. pp. 127-153.

Blough, D. S. 1982. Pigeon perception of letters of the alphabet. *Science,* **218** : 397-398.

Caldwell, M. C., Caldwell, D. K. and Tyack, P. 1990. Review of the signature whistle hypothesis for the Atlantic bottlenose dolphin, *Tursiops truncatus*. In : *The Bottlenose Dolphin* (Leatherwood, S. and Reeves, R. eds.). Academic Press, San Diego. pp. 199-234.

Connor, R. C. 2000. Group living in whales and dolphins. In : *Cetacean Societies : Field Studies of Dolphins and Whales* (Mann, J., Connor, R. C., Tyack, P. L. and Whitehead, H. eds.). The University of Chicago Press, Chicago. pp. 199-218.

Connor, R. C., Heithaus, M. R. and Barre, L. M. 1999. Super-alliance of bottlenose dolphins. *Nature,* **397** : 571-572.

Connor, R. C., Heithaus, M. R. and Barre, L. M. 2001. Complex social structure, alliance stability and mating access in a bottlenose dolphin 'super alliance'. *Proceedings of the Royal Society London B,* **268** : 263-267.

Connor, R. C. and Mann, J. 2006. Social cognition in the wild : Machiavellian dolphins? In : *Rational Animals?* (Hurley, S. and Nudds, M. eds.). Oxford University Press, Oxford. pp. 329-367.

Connor, R. C. and Smolker, R. A. 1996. 'Pop' goes the dolphin : a vocalization male

bottlenose dolphin produce during consortships. *Behaviour,* **133**: 643-662.
Connor, R. C., Smolker, R. A. and Richards, A. F. 1992a. Dolphin alliances and coalitions. In: *Coalitions and Alliances in Humans and Other Animals.* (Harcourt, A. H. and DeWell, F. B. M. eds.). Oxford University Press, Oxford. pp. 415-443.
Connor, R. C., Smolker, R. A. and Richards, A. F. 1992b. Two levels of alliance formation among male bottlenose dolphins (*Tursiops* sp.). *Proceedings of the National Academy of Sciences of the United States of America,* **89**: 987-990.
Cooper, L. A. and Shepard, R. N. 1973. Chronometric studies of the rotation of mental images. In: *Visual Information Processing* (Chase, W. G. ed.). Academic Press, New York. pp. 75-176.
D'Amato, M. R. and Worsham, R. W. 1972. Delayed matching in the capuchin monkey with brief sample durations. *Learning and Motivation,* **3**: 304-312.
Delfour, F. and Marten, K. 2001. Mirror image processing in three marine mammal species: killer whales (*Orcinus orca*), false killer whales (*Pseudorca crassidens*) and California sea lions (*Zalophus californianus*). *Behavior Processes,* **53**: 181-190.
de Veer, M. W., Gallup, G. G. Jr., Theall, L. A., van den Bosa, R. and Povinelli, D. J. 2003. An 8-year longitudinal study of mirror self-recognition in chimpanzees (*Pan troglodytes*). *Neuropsychologia,* **41**: 229-234.
Evans, P. G. 1987. *The Natural History of Whales and Dolphins.* Helm, London.
Fisher, J. and Hinde, A. 1949. The opening of milk bottles by birds. *British Birds,* **42**: 347-357.
Flanigan, N. J. 1972. The central nervous system. In: *Mammals of the Sea: Biology and Medicine* (Ridgway, S. H. ed.). Thomas, Springfield.
藤田和生．1998．比較認知科学への招待——「こころの進化学」．ナカニシヤ出版，東京．
藤田和生．2007．動物たちのゆたかな心．京都大学学術出版会，京都．
Fujita, K., Blough, D. S. and Blough, P. M. 1991. Pigeons see the Ponzo illusion. *Animal Learning and Behavior,* **19**: 283-293.
藤田和生・松沢哲郎．1989．チンパンジーとヒトの表象能力の比較——短期記憶再生と心的回転．霊長類研究，**5**: 58-74.
Furness, W. 1916. Observation on the mentality of chimpanzees and orangutans. *Proceedings of the American Philosophical Society,* **65**: 281-290.
古谷昌史・鶴田晶子．2002．バンドウイルカにおける視覚刺激の重要性に関する基礎的研究．卒業論文，東海大学．
Gallup, G. G. Jr. 1970. Chimpanzees: self-recognition. *Science,* **167**: 86-87.
Gallup, G. G. Jr. 1977. Self-recognition in primates. *American Psychologist,* **32**: 329-338.
Gardner, R. A. and Gardner, B. T. 1969. Teaching sign language to a chimpanzee. *Science,* **165**: 664-672.
Gisiner, R. and Schusterman, R. J. 1992. Sequence, syntax and semantics: responses

of a language trained sea lion (*Zalophus californianus*) to novel sign combinations. *Journal of Comparative Psychology,* **106**: 78-91.

Grant, D. S. 1976. Effect of sample presentation time on long-delay matching in the pigeon. *Learning and Motivation,* **7**: 580-590.

長谷菜穂．2010．「幸せのバブルリング®」のできるまで．海獣水族館（村山司・祖一誠・内田詮三編著）．東海大学出版会，神奈川．pp. 88-91.

早川麻美．2002．シロイルカにおける図形の認識と系列学習に関する基礎的研究．卒業論文，東海大学．

早坂航平．2006．シロイルカにおける聴覚性人工言語の命名に関する研究．卒業論文，東海大学．

Hayes, C. 1961. *The Ape in Our House.* Harpet, New York.（邦訳：密林から来た養女──チンパンジーを育てる［林寿郎訳］．1971．法政大学出版局，東京）

Hayes, K. and Hayes, C. 1951. The intellectual development of a home-raised chimpanzee. *Proceedings of the American Philosophical Society,* **95**: 105-109.

Herman, L. M. 1975. Interference and auditory short-term memory in the bottlenose dolphin. *Animal Learning and Behavior,* **3**: 43-48.

Herman, L. M. 1980. Cognitive characteristics of dolphins. In : *Cetacean Behavior : Mechanisms and Functions*（Herman, L. M. ed.）. Wiley Interscience, New York. pp. 363-429.

Herman, L. M. 1986. Cognition and language competencies of bottlenosed dolphins. In : *Dolphin Cognition and Behavior : A Comparative Approach*（Schusterman, R. J., Thomas, J. and Wood, F. J. eds.）. Lawrence Erlbaum, Hillsdale. pp. 221-252.

Herman, L. M. 2002. Vocal, social, and self-imitation by bottlenosed dolphins. In : *Imitation in Animals and Artifacts*（Nehaniv, C. and Dautenhahn, K. eds.）. MIT Press, Cambridge. pp. 63-108.

Herman, L. M. 2006. Intelligence and rational behaviour in the bottlenosed dolphin. In : *Rational Animals?*（Hurley, S. and Nudds, M. eds.）. Oxford University Press, Oxford. pp. 439-467.

Herman, L. M., Abichandani, S. L., Elhajj, A. N., Herman, E. Y. K., Sanchez, J. L. and Pack, A. A. 1999. Dolphins (*Tursiops truncatus*) comprehend the referential character of the human pointing gesture. *Journal of Comparative Psychology,* **113**: 347-364.

Herman, L. M., Matus, D., Herman, E. Y. K., Ivancic, M. and Pack, A. A. 2001. The bottlenosed dolphin's (*Tursiops truncatus*) understanding of gestures as symbolic representations of body parts. *Animal Learning and Behavior,* **29**: 250-264.

Herman, L. M., Pack, A. A. and Morrel-Samuels, P. 1993. Representational and conceptual skills of dolphins. In : *Language and Communication : Comparative Perspectives*（Roitblat, H. R., Herman, L. M. and Nachtigall, P. E. eds.）. Lawrence Erlbaum, Hillsdale. pp. 273-298.

Herman, L. M., Peacock, M. F., Ynker, M. P. and Madsen, C. J. 1975. Bottlenosed dolphin : double-split pupil yields equivalent aerial and underwater diurnal

acuity. *Science*, **189**: 650-652.
Herman, L. M., Richards, D. G. and Wolz, J. P. 1984. Comprehension of sentences by bottlenosed dolphins. *Cognition*, **16**: 129-219.
Herman, L. M. and Thompson, R. K. R. 1982. Symbolic, identity, and probe delayed matching of sounds by the bottlenosed dolphin. *Animal Learning and Behavior*, **10**: 22-34.
Herzing, D. 2006. The currency of cognition: assessing tools, techiques, and media for complex behavioral analysis. *Aquatic Mammals*, **32**: 544-553.
Heyes, C. M. 1994. Reflection on self-recognition in primates. *Animal Behaviour*, **47**: 909-919.
Hollard, V. D. and Delius, J. D. 1982. Rotational invariance in visual pattern recognition by pigeons and humans. *Science*, **218**: 804-806.
Hopkins, W. D., Fagot, J. and Vauclair, J. 1993. Mirror-image matching and mental rotation problem solving by baboons (*Papoi papio*): unilateral input enhances performance. *Journal of Experimental Psychology: General*, **122**: 61-72.
Hyatt, C. W. and Hopkins, W. D. 1994. Self-awareness in bonobos and chimpanzees: a comparative perspective. In: *Self-awareness in Animals and Humans* (Parker, S. T., Mitchell, R. W. and Boccia, M. L. eds.). Cambridge University Press, New York. pp. 248-253.
板倉昭二．2000．他者の心を理解する──その発達と進化．心の進化（松沢哲郎・長谷川寿一編著）．岩波書店，東京．pp. 50-57.
Jaakkola, K., Fellner, W., Erb, L., Rodriguez, M. and Guarino, E. 2005. Understanding of the concept of numerically "less" by bottlenose dolphins (*Tursiops truncatus*). *Journal of Comparative Psychology*, **119**: 296-303.
Jansen, J. and Jansen, J. K. S. 1969. The nervous system of Cetacea. In: *The Biology of Marine Mammals* (Andersen, H. T. ed.). Academic Press, New York. pp. 175-252.
亀井慎一郎．2002．シロイルカにおける数的概念に関する基礎的研究．修士論文，三重大学．
亀井慎一郎・村山司・伊藤学・鳥羽山照夫．2002．シロイルカにおける推移の推論について．動物心理学研究，**52**: 161（日本動物心理学会第62回大会要旨）．
Kawai, M. 1965. Newly acquired pre-cultural behavior of the natural troop of Japanese monkeys on Koshima Islet. *Primates*, **6**: 1-30.
Kilian, A., Yaman, S., von Fersen, L. amd Güntürkün, O. 2003. A bottlenose dolphin discriminates visual stimuli differing in numerosity. *Learning & Behavior*, **31**: 133-142.
Koito, T., Kubokawa, K., Tanabe, S. and Miyazaki, N. 2010. Phylogenetic analyses in cetacean species of the family Delphinidae using a short wavelength sensitive opsin gene sequence. *Fisheries Science*, **76**: 571-676.
金野篤子・弓岡千尋・小林裕・荒幡経夫・朝比奈潔・村山司．2005．バンドウイルカ（*Tursiops truncatus*）における無彩色の弁別に関する基礎的研究．動物心理学研究，**55**: 59-64.

Krützen, M., Mann, J., Heithaus, M. R., Connor, R. C., Bejder, L. and Sherwin, W. B. 2005. Cultural transmission of tool use in bottlenose dolphins. *Proceedings of the National Academy of Sciences of the United States of America,* **102** : 8939-8943.

Kuczaj, S. A. II and Walker, R. T. 2006. Problem solving in dolphins. In : *Comparative Cognition : Experimental Explorations of Animal Intelligence* (Wasserman, E. A. and Zentall, T. R. eds.). Oxford University Press, New York. pp. 580-601.

Layne, J. N. 1958. Observations on freshwater dolphin in the upper Amazon. *Journal of Mammalogy,* **39** : 1-22.

Lilly, J. C. 1961. *Man and Dolphin : Adventures of a New Scientific Frontier* (1st ed.). Garden City, New York.

Lilly, J. C. 1962. Vocal behavior of the bottlenose dolphin. *Proceedings of the American Philosophical Society,* **106** : 520-529.

Lilly, J. C. 1978. *Communication between Man and Dolphin : The Possibilities of Talking with Other Species.* Crown Publishers, New York.

Madsen, C. M. and Herman, L. M. 1980. Social and ecological correlates of cetacean vision and visual appearance. In : *Cetacean Behavior* (Herman, L. M. ed.). Wiley Interscience, New York. pp. 101-147.

Marten, K. and Psarakos, S. 1994. Evidence of self-awareness in the bottlenose dolphin (*Tursiops truncatus*). In : *Self-awareness in Animals and Humans* (Parker, S. T., Mitchell, R. W. and Boccia, M. L. eds.). Cambridge University Press, New York. pp. 361-379.

Marten, K., Shariff, K., Psarakos, S. and White, D. J. 1996. Ring bubbles of dolphins : a number of bottlenose dolphins in Hawaii can create shimmering, stable rings and helices of air as part of play. *Scientific American,* **275** : 82-87.

Matsuzawa, T. 1985a. Color naming and classification in a chimpanzee (*Pan troglodytes*). *Journal of Human Evolution,* **14** : 283-291.

Matsuzawa, T. 1985b. Use of numbers by a chimpanzee. *Nature,* **315** : 57-59.

Matsuzawa, T. 1990. Form perception and visual acuity in a chimpanzee. *Folia Primatologica,* **55** : 24-32.

松沢哲郎．1991．チンパンジーから見た世界．東京大学出版会，東京．

松沢哲郎．1996．心理学的幸福――動物福祉の新たな視点を考える．動物心理学研究，**46** : 31-33.

松沢哲郎．1999．動物福祉と環境エンリッチメント．どうぶつと動物園，**51** : 74-77.

Mauck, B. and Dehnhardt, G. 1997. Mental rotation in a California sea lion (*Zalophus californianus*). *Journal of Experimental Biology,* **200** : 1309-1316.

Mercado, E. III, Murray, S. O., Uyeyama, R. K., Pack, A. A. and Herman, L. M. 1998. Memory for recent actions in the bottlenosed dolphin (*Tursiops truncatus*) : repetition of arbitrary behaviors using an abstract rule. *Animal Learning and Behavior,* **26** : 210-218.

Mercado, E. III, Uyeyama, R. K., Pack, A. A. and Herman, L. M. 1999. Memory for

action events in the bottlenosed dolphin. *Animal Cognition*, **2**: 17-25.
Miles, H. L. W. 1990. The cognitive foundations for reference in a signing orangutan. In: *Language and Intelligence in Monkeys and Apes: Comparative Developmental Perspectives* (Parker, S. T. and Gibson, K. R. eds.). Cambridge University Press, New York. pp. 511-539.
Miles, H. L. W. 1994. Me Chantek: the development of self-awareness in a signing orangutan. In: *Self-awareness in Animals and Humans* (Parker, S. T., Mitchell, R. W. and Boccia, M. L. eds.). Cambridge University Press, New York. pp. 254-272.
Mobley, J. R. and Helweg, D. A. 1990. Visual ecology and cognition in cetaceans. In: *Sensory Abilities of Cetacean* (Thomas, J. A. and Kastelein, R. A. eds.). Plenum Press, New York. pp. 519-536.
Morgane, P. J. and Jacobs, M. 1972. Comparative anatomy of the cetacean nervous system. In: *Functional Anatomy of Marine Mammals* (Harrison, R. J. ed.). Academic Press, London. pp. 117-244.
向井梓子・大山慎太郎．2003．飼育下におけるイルカ類の遊び行動に関する基礎的研究．卒業論文，東海大学．
村山司．1996．イルカの眼球構造．イルカ類の感覚と行動（添田秀男編）．恒星社厚生閣，東京．pp. 9-20.
村山司．1998．バンドウイルカにおけるコントラストの識別能力．哺乳類科学，**38**: 39-44.
村山司．2003．イルカが知りたい――どう考え どう伝えているか．講談社，東京．
村山司．2008a．なにを見ているか――鯨類の光覚能力．日本の哺乳類学③水生哺乳類（加藤秀弘編）．東京大学出版会，東京．pp. 147-173.
村山司．2008b．視覚，その他の感覚．鯨類学（村山司編著）．東海大学出版会，神奈川．pp. 155-182.
村山司．2009．イルカ――生態，六感，人との関わり．中央公論新社，東京．
Murayama, T. 2011. Preliminary study of mirror self-recognition in commerson's dolphin. *Saito Ho-on Kai Museum of Natural History: Research Bulletin*, **75**: 1-6.
Murayama, T., Aoki, I. and Ishii, T. 1993. Measurement of the electro-encephalogram of the bottlenose dolphin under different light conditions. *Aquatic Mammals,* **19**: 171-182.
村山司・藤井有希・勝俣浩・荒井一利・祖一誠．2008．シロイルカにおける対称性の成立について．認知科学，**15**: 358-365.
村山司・庵地彩子・鳥羽山照夫．2001．シロイルカによる円とだ円の弁別．日本水産学会誌，**67**: 745-746.
Murayama, T., Katsumata, H., Iijima, S., Hayasaka, K., Arai, K. and Soichi, M. 2007. A study of vocal mimicry in a captive beluga. Abstract of 21st Pacific Science Congress, Okinawa. p. 339.
Murayama, T., Kobayashi, H. and Ito, M. 2002. Preliminary study on the cognition by vision: can the dolphin count? *Fisheries Science,* **68** Supplement I. (Proceeding

of International Commemorative Symposium of 70th Anniversary of the Japanese Society of Fisheries Science) : 302-305.

Murayama, T., Fujise, Y., Aoki, I. and Ishii, T. 1992a. Histological characteristics and distribution of ganglion cells in the retina of the dall's porpoise and minke whale. In : *Marine Mammal Sensory Systems* (Thomas, J. A., Kastelein, R. A. and Supin, Y. A. eds.). Plenum Press, New York. pp. 137-145.

Murayama, T., Somiya, H., Aoki, I. and Ishii, T. 1992b. The distribution of ganglion cells in the retina and visual acuity of minke whale. *Nippon Suisan Gakkaishi*, **58** : 1057-1061.

Murayama, T., Somiya, H., Aoki, I. and Ishii, T. 1995. Retinal ganglion cell size and distribution predict visual capabilities of Dall's porpoise. *Marine Mammal Science*, **11** : 136-149.

Murayama, T. and Somiya, H. 1998. Retinal characteristics and object localizing ability by vision of the three cetaceans. *Fisheries Science*, **64** : 27-30.

村山司・鳥羽山照夫．1995．シロイルカの心的回転．水産工学研究所技報，**6** : 9-12.

Murayama, T. and Tobayama, T. 1995. Preliminary study of mental rotation in beluga. Abstract of the XXIV International Ethological Conference, Hawaii, USA. p. 114.

村山司・鳥羽山照夫．1997．シロイルカにおける刺激等価性に関する予備的研究．動物心理学研究，**47** : 79-89.

Nakahara, F. 2002. Social functions of cetacean acoustic communication. *Fisheries Science*, **68** (Supplement I) : 298-301.

Nakamura, N., Fujita, K., Ushitani, T. and Miyata, H. 2006. Perception of the standard and the reversed Müller-Lyer figures in pigeons (*Columba livia*) and humans (*Homo sapiens*). *Journal of Comparative Psychology*, **120** : 252-261.

Nakamura, N., Watanabe, S. and Fujita, K. 2008. Pigeons perceive the Ebbinghaus-titchener circles as an assimilation illusion. *Journal of Experimental Psychology : Animal Behavior Processes*, **34** : 375-387.

日本動物園水族館協会．1995．新・飼育ハンドブック水族館編1——繁殖・餌料・病気．日本動物園水族館協会，東京．

岡田典弘．2008．起源と進化——新技術で語る鯨類研究．日本の哺乳類学③水生哺乳類（加藤秀弘編）．東京大学出版会，東京．pp. 25-50.

Pack, A. A. and Herman, L. M. 2004. Dolphins (*Tursiops truncatus*) comprehend the referent of both static and dynamic human gazing and pointing in an object choice task. *Journal of Comparative Psychology*, **118** : 160-171.

Pack, A. A. and Herman, L. M. 2007. The dolphin's (*Tursiops truncatus*) understanding of human gaze and pointing : knowing *what* and *where*. *Journal of Comparative Psychology*, **121** : 34-45.

Patterson, F. 1978. The gesture of a gorilla : language acquisition in another Pongid. *Brain and Language*, **5** : 72-97.

Pepperberg, I. M. 2002. *The Alex Studies : Cognitive and Communicative Abilities of*

Grey Parrots. Harvard University Press, Cambridge.（邦訳：アレックス・スタディ［渡辺茂・山﨑由美子・遠藤清香訳］．2003．共立出版，東京）

Pilleri, G. and Gihr, M. 1970. The central nervous system of the Mysticete and Odontocete whale. *Investigations on Cetacea,* **2**: 87-135.

Plotnik, J. M., de Waal, F. B. M. and Reiss, D. 2006. Self-recognition in an Asian elephant. *Proceedings of the National Academy of Sciences of the United States of America,* **103**: 17053-17057.

Posada, S. and Colell, M. 2007. Another gorilla (*Gorilla gorilla gorilla*) recognizes himself in a mirror. *American Journal of Primatology,* **69**: 576-583.

Premack, D. 1976. *Intelligence in Ape and Man.* Lawrence Erlbaum, Hillsdale.

Ralls, K., Fiorelli, P. and Gish, S. 1985. Vocalization and vocal mimicry in captive harbor seals, *Phoca vitulina. Canadian Journal of Zoology,* **63**: 1050-1056.

Richards, D. G., Wolz, J. P. and Herman, L. M. 1984. Vocal mimicry of computer generated sounds and vocal labeling of objects by a bottlenosed dolphin, *Tursiops truncatus. Journal of Comparative Psychology,* **98**: 10-28.

Ridgway, S. H. 1986. Physiological observations on dolphin brains. In: *Dolphin Cognition and Behavior: A Comparative Approach* (Schusterman, R. J., Thomas, J. A. and Wood, F. J. eds.). Lawrence Erlbaum, Hillsdale. pp. 31-59.

Rumbaugh, D. M. 1977. *Language Learning by a Chimpanzee.* Academic Press, New York.

酒井麻衣．1999．シロイルカにおける数概念に関する基礎的研究．卒業論文，東京農工大学．

Savage-Rumbaugh, E. S. and Lewin, R. 1994. *Kanzi: At the Brink of the Human Mind.* Wiley, New York.

Schusterman, R. J. and Kastak, D. 1993. A California sea lion (*Zalophus californianus*) is capable of forming equivalence relations. *The Psychological Records,* **43**: 823-839.

Schusterman, R. J. and Kastak, D. 1998. Functional equivalence in a California sea lion: relevance to animal social and communicative interactions. *Animal Behaviour,* **55**: 1087-1095.

Schusterman, R. J. and Krieger, K. 1984 California sea lion are capable of semantic comprehension. *The Psychological Record,* **34**: 3-23.

千田会美．2005．摂餌に関する環境エンリッチメントに向けた研究．卒業論文，東海大学．

Shepard, R. N. and Metzler, J. 1971. Mental rotation of three dimensional objects. *Science,* **171**: 701-703.

Smolker, R. A., Mann, J. and Smuts, B. B. 1993. Use of signature whistles during separations and reunions by wild bottlenose dolphin mothers and infants. *Behavioral Ecology and Sociobiology,* **33**: 393-402.

Spong, P. and White, D. 1971. Visual acuity and discrimination learning in the dolphin (*Lagenorhynchus obliquidens*). *Experimental Neurology,* **31**: 431-436.

Stich, K. P., Dehnhardt, G. and Mauck, B. 2003. Mental rotation of perspective stimuli in a California sea lion (*Zalophus californianus*). *Brain Behavior and Evolution*, **61**: 102-112.

スー サベージ・ランボー. 1993. カンジ——言葉を持った天才ザル. 日本放送出版協会, 東京.

Suganuma, E., Pessoa, V. E., Monge-Fuentes, V., Castro, B. M. and Tavares, M. C. H. 2007. Perception of the Müller-Lyer illusion in capuchin monkeys (*Cebus apella*). *Behavioural Brain Research*, **182**: 67-72.

鈴木奈美. 2006. 飼育下のイロワケイルカにおける道具を用いた環境エンリッチメントに関する基礎的研究. 卒業論文, 東海大学.

Terrace, H. S., Pettito, L. A., Sanders, R. J. and Bever, T. G. 1979. Can ape create a sentence? *Science*, **206**: 891-902.

Thompson, R. K. R. and Herman, L. M. 1977. Memory for lists of sounds by the bottlenosed dolphin: convergence of memory processes with humans? *Science*, **195**: 501-503.

Thorpe, W. H. 1963. *Learning and Instinct in Animals* (2nd ed.). Methuen, London.

Todt, D. 1975. Social learning of vocal patterns and modes of their application in gray parrots (*Psittacus erithacus*). *Zeitschrift für Tierpsychologie*, **39**: 179-188.

友永雅己. 2008. チンパンジーにおける対称性の（不）成立. 認知科学, **15**: 347-357.

Tomonaga, M. 2008. Relative numerosity discrimination by chimpanzees (*Pan troglodytes*): evidence for approximate numerical representations. *Animal Cognition*, **11**: 43-57.

Tomonaga, M., Matsuzawa, T., Fujita, K. and Yamamoto, J. 1991. Emergence of symmetry in a visual conditional discrimination by chimpanzees (*Pan troglodytes*). *Psychological Reports*, **68**: 51-60.

Tomonaga, M., Uwano, Y., Ogura, S. and Saito, T. 2010. Bottlenose dolphins' (*Tursiops truncatus*) theory of mind as demonstrated by responses to their trainers' attentional states. *International Journal of Comparative Psychology*, **23**: 386-400.

Tyack, P. L. 2002. Mimicry. In: *Encyclopedia of Marine Mammals* (Perrin, W. F., Würsig, B., Thewissen, C. M. and Crumley, C. R. eds.). Academic Press, New York. pp. 748-750.

内田詮三. 2010. イルカ飼育の歴史. 海獣水族館 (村山司・祖一誠・内田詮三編著). 東海大学出版会, 神奈川. pp. 12-27.

Vander Wall, S. B. 1982. An experimental analysis of cache recovery in Clark's nutcracker. *Animal Behaviour*, **30**: 80-94.

Walls, G. 1942. *The Vertebrate Eye and its Adaptive Radiation*. McGraw-Hill, New York.

West, M. J., Stroud, A. N. and King, A. P. 1983. Mimicry of the human voice by European starlings: the role of social interaction. *The Wilson Bulletin*, **95**: 635-640.

White, D., Cameron, N., Spong, P. and Bradford, J. 1971. Visual acuity in the killer

whale (*Orcinus orca*). *Experimental Neurology,* **32**: 230-236.
Würsig, B. 1986. Delphinid foraging strategies. In: *Dolphin Cognition and Behavior: A Comparative Approach* (Schusterman, R. J., Thomas, J. A. and Wood, F. G. eds.). Lawrence Erlbaum, Hillsdale. pp. 347-359.
Würsig, B. and Würsig, M. 1980. Behaviour and ecology of the dusky dolphin, *Lagenorhynchus obscurus*, in the south Atlantic. *Fishery Bulletin U.S.,* **77**: 871-890.
Xicto, M. J., Gory, J. D. and Kuczaj, S. A. 2001. Spontaneous pointing by bottlenose dolphins (*Tursiops truncatus*). *Animal Cognition,* **4**: 115-123.
Yamamoto, J. and Asano, T. 1995. Stimulus equivalence in a chimpanzees (*Pan troglodytes*). *The Psychological Record,* **45**: 3-21.
山﨑由美子. 1999. 動物における刺激等価性. 動物心理学研究, **49**: 107-137.

おわりに

「研究者」と呼ばれる人が，いつから研究を始めたか，あるいはいつ研究者になったかということについては，いろいろな決め方があるだろう．大学院に入学した日，初めてサンプリングや実験をした日，研究職に就職した日……さまざまである．そこで，「研究した結果を初めて世に披露したとき」というのを１つの定義に考えるならば，私の場合は平成元年（1989年）4月，日本水産学会でイルカの網膜構造について発表したのがこの世界へのデビューということになる．「平成元年」だから，その後の経験年数も数えやすく，以来，研究歴二十数年ということになる．むろん，イルカの研究にたどりつくまで，そしてたどりついたあとも相当な困難があった．東北大学時代の私の卒業論文は「グッピーの兄妹交配の……」というサカナの遺伝の話だったし，東京大学大学院に進学してからも，キンギョの電気生理をかじる傍ら，修士論文は「チチブの産卵期内外の……」とサカナの生殖生理がテーマだった．博士課程でようやくイルカにたどりついたものの，マイワシやマサバの繁殖の研究との二足のわらじ．学位を得たあとも就職するまでは，イルカの研究を続けながらもニホンウナギの脳下垂体のRNA解析といった分子生物学の分野を手がけた．でも，それらのまったく他分野の経験が，今になってイルカの研究にもいろいろと役に立つことが少なくない．

ただ，私は船に弱い．「鏡の面のようなべた凪」でも酔うし，そもそも出航前の船ですでに気持ちが悪い．だから，船上からイルカの群れやその行動を観察するとかいう研究は無理．ならば飼育下のイルカについて徹底的に調べよう……それが１つの決意であった．海に出られない（＝船に乗れない）研究者が「イルカの認知」という地味な分野の研究をしている．「そういう人がイルカの研究者なんて……」と揶揄されたこともある．しかし，イルカの「認知」なんて，それまで日本では誰も研究したことがなかった分野に挑んだのだから，上述したように，研究にたどりつくのが遅かったり，その後の就職に恵まれなかったりしたため，ふつうの研究者に比べれば，イルカに

携わった時間はとても短い．だからそういったことの分，ずっと全速力で研究をしてきた．ほとんどが独学である．もちろん，陸上の研究といっても決して楽だったわけではないが（「苦労の自慢話」はやめておこう），今はとても楽しいというのが正直な感想である．本書ではそうして得られてきた成果を紹介してきたが，こうしていろいろと実験の様子や結果を綴っていると，その時々のことが思い起こされて，なんだか何十年も研究をしているかのような，そこはかとない郷愁の想いに駆られる．

本書で紹介した知見には，国内外の学術雑誌に掲載されたり，現在投稿中のものから，卒業論文や未発表の研究まで含まれており，レベルに大きく差はある．しかしながら，研究の仕方はある程度の水準を保って行ってきたと思うし，客観性も厳密に維持してきたつもりである．したがって，たとえ卒業論文の成果であっても，科学的には間違っていないと信じている．

私の研究は「よそ様のイルカをお借りして，他人のお宅で研究してきた」ようなものだから，ここに至るまでに実に多くの方々，水族館，機関・組織，そして学生諸氏にお世話になった．勝手や無理を聞いてもらったことも数えきれない．そういう方々に，改めて心からお礼申し上げたい．

本書を書きしたためている間に，あの未曾有の東日本大震災が東北地方を襲った．実験場所の1つであるマリンピア松島水族館も被災した．それから，私のイルカ研究にとって第一歩の地であった岩手県大槌町の漁業協同組合，魚市場，水産加工会社もその犠牲となってしまった．そこには，私が初めてのサンプリングのときに親切にしてもらったり，遠い北海道の地でサンプリングに困っていたとき，わざわざ助け舟を出してくれたりと，語りつくせない想い出があるだけに，とても心が痛む想いである．

さて，そうしたさまざまな顛末と成果をここにまとめ上げることができたのは東京大学出版会編集部の光明義文氏のおかげである．光明氏には刊行にこぎつけるまで，多大な苦労をおかけした．実は，氏とは学生時代からの知り合いで，私の「歴史」をよく知る人物である．そのおかげで，迷惑をかけたことを恐縮しつつも，たいへん信頼して筆を進めることができた．光明氏にはここに標して感謝申し上げたい．

ところで，全速力で研究をしている最中であるから，本書の原稿を書き終わり，それからこうして出版されるまでの間にも，新たな成果が挙がってい

る．まるで「アキレスとカメ」のよう．そういった成果については，いずれまた機会を改めてご紹介できればうれしい限りである．
　ではそれまでみなさん，ごきげんよう．

索　引

ア　行

アイ　155
アイコンタクト　30,46
明るさ　79,81
飽き　61
アケアカマイ　157
遊び道具　37,71,73
遊びの対象　67
網　92-95
アメリカ式手話　154
アリストテレス　4
アレックス　155
威嚇　17,77
位置偏好　55
一緒に行動　148
イルカ学　180
イルカと話したい　9,157
イルカなりの解決法　53,54,102
イルカブーム　1
浮き　61,62
乳母役　20,148
海のカナリア　161
映像の認識　125
エコーロケーション　93,175
エビングハウス錯視　102,103
エビングハウス図形　104
園館差　64
大きさ　79,81
おとり　147
オペラント条件付け　41,48,50
音声的　22

カ　行

カイメン　22
回遊型　147
顔で個体を識別　138
鏡　39
賢く生き抜く知恵　131
カバ　ii
カラス　1
体の部位の認識　145,146
カリフォルニアアシカ　155,156
眼球　78-80
カンジ　155
干渉　110
桿体　105
聞き分け（実験）　164-166
基礎認知　133
輝度　92
木の実割り　39
逆向性干渉　110
給餌　65
給餌量　50
鏡映像認識　140
強化　50
強化子　50,51
鏡像　113
共同研究　48,183
共同した戦法　21
共同注視　150,151
京都大学霊長類研究所　155
協力行動　133,147
空気の輪　37
クリッカー　7,49
クリックス　5,23,24
苦労して餌をとる　65
計数　117
形態視　98
系列位置効果　110

ケーラー 2
研究場所 28
言語研究 153, 156
減衰 75
公開展示 59
光覚因子 79, 80
攻撃 17
光軸 80
光束透過率 92
行動展示 57
行動の認識 145
行動パターンや行動時間の保証 73
氷 66-69, 73
ゴーグル 46
個性 32
コーダ 24
個体間行動 38
個体間のバランス 33
古典的条件付け 2
コール 24
混獲 92

サ 行

採食 65, 71, 73
錯視 102
錯視図形 104
ササゴイ 1
サンプラー 48
飼育履歴 30
視覚性言語 154
視覚性人工言語 179
視覚能力 77
視覚野 77
色覚 105
シグニチャーホイッスル 20, 24, 125
嗜好 61
試行錯誤 49
嗜好性 63
自己鏡映像 139
自己認知 39, 139, 140, 142, 144, 145
視細胞 79, 80, 105
視軸 80, 85, 87

視精度 81-85, 88
視線 46, 151
自然の観察法 36-38
自然の体系 4
実験装置 43-45
実験的観察 39
実験的観察法 41
実験的分析法 42
社会的環境 131
社会的知性 131, 134
社会的認知 131, 134
しゃべるイルカ 162, 168
シュスタマン 156
収斂進化 ii
授乳 19
手話 154
順位 177
順序 126
順番 128
ショー 59
ジョイント・アテンション 132
賞 50
条件性弁別 106
条件付け 41, 42
条件の統制 39
象徴距離効果 128
象徴見本合わせ 51, 52, 176
常同行動 33
視力 81-83, 87
新近性効果 110
神経節細胞 81, 83-86
人工音 49, 125
人工言語 156
心的回転 111, 113, 115, 116
親和的行動 15
推移 159, 160, 174, 176, 177
推移的推論 126, 128
水産学の中の鯨類学 180
錐体 105
水面 116, 117
数的概念 124
数的能力 117

索　引　201

スキナー　2
スキナーボックス　2
図形文字　154, 155
スパイホップ　77, 117
正解率　56
成功率　56
生態展示　57
赤外線　76
摂餌の対象　67
接触時間　66, 71
全強化　104
全消去　104, 171
装置　71, 73
ソナグラム　163, 167
ソロモン王　153
ソーンダイク　2

タ　行

対称性　159, 166, 171-176
体色　25
タイムアウト　55
だ円　98, 99
他者の視線を認知　151
短期記憶　109
tandem　148
遅延時間　109, 110, 125
遅延見本合わせ　51, 109
逐次接近法　49
知能の収斂　184
チャンスレベル　33
聴覚性刺激　162
聴覚性人工言語　179
聴覚野　77
長期記憶　110, 111
直前の行動　145
定住型　146
電極　89-91
道具　22, 39, 60, 61, 63
洞察　2
動物学としてのイルカ学　181
動物誌　4
動物の福祉　58

ドット　121, 123, 124
ドリトル先生　153
ドルフィンスイム　15

ナ　行

鳴き分け（実験）　162, 163, 166
ナック　158
慣れ　61
二項検定　56
二者択一　56
脳　26, 77
脳波　89, 91

ハ　行

パヴロフ　2
バーストパルス　19, 24
波長　75
罰　50
花形商品　181
パフォーマンス　59, 77
バブルネットフィーディング　21
バブルリング　37
ハーマン　5, 156
速さ　81
半球睡眠　5
ハンスの馬　43
ハンドサイン　157
非音声的　22
比較刺激　51
比較認知科学　3
被験体　30
ヒトの（を）識別　135, 138
ヒトの視線　45, 46
表出　157, 168, 178
フェニックス　156
負荷　65, 66
プライヤー　6
プラスチック彩片　154
ブリーチング　22
文化　22
文法　156
文を理解　157

平和の動物　17
ペッティング　15
勉強すれば賢くなる　172
弁別　41
ホイッスル　5,23,24,49
補間　100,101
ポッド　14

マ　行

マークテスト　139,140
待ち伏せ　147
まね（る）　126,167
水との戦い　181,182
蜜標　76
身振り言語　157
見本　51,52
見本合わせ（MTS）　51
見本合わせ実験　52
群れ　12-14,151
命名　159,160,162
網膜　79,83

模倣　49,124,125,156,166-168
問題箱　2

ヤ　行

指さし（指さす）　150,151
容貌　135,138
読めるイルカ　169,178

ラ　行

ラビング　15
ラベリング　159
ラベリング能力　156
ランドルト環　81,82
理解　157,168,178
利他的行動　133,147
repeat　145
リリィ　4,5,156
リング　19
リンネ　4
ロッキー　156

著者略歴
1960 年　山形県に生まれる．
1984 年　東北大学農学部水産学科卒業．
1991 年　東京大学大学院農学系研究科博士課程修了．
現　在　東海大学海洋学部教授，博士（農学）．
専　門　イルカの認知科学・感覚生理学——飼育下の海獣類（イルカ類，鰭脚類，海牛類など）を対象として，知能や感覚の解明をめざし水族館で実験的な解析を行っている．

主要著書
『イルカ・クジラ学——イルカとクジラの謎に挑む』
　（共編，2002 年，東海大学出版会）
『イルカが知りたい——どう考え どう伝えているのか』
　（2003 年，講談社選書メチエ）
『日本の哺乳類学③水生哺乳類』（分担執筆，2008 年，東京大学出版会）
『イルカ——生態，六感，人との関わり』（2009 年，中公新書）

イルカの認知科学
———異種間コミュニケーションへの挑戦
2012 年 3 月 5 日　初　版

［検印廃止］

著　者　村山　司
　　　　むらやま　つかさ

発行所　財団法人　東京大学出版会
代表者　渡辺　浩
113-8654 東京都文京区本郷 7-3-1 東大構内
電話 03-3811-8814・振替 00160-6-59964

印刷所　三美印刷株式会社
製本所　矢嶋製本株式会社

© 2012 Tsukasa Murayama
ISBN 978-4-13-060193-1　Printed in Japan

Ⓡ〈日本複写権センター委託出版物〉
本書の全部または一部を無断で複写複製（コピー）することは，著作権法上での例外を除き，禁じられています．本書からの複写を希望される場合は，日本複写権センター（03-3401-2382）にご連絡ください．

Natural History Series（継続刊行中）

日本の自然史博物館　糸魚川淳二著　———　A5判・240頁／4000円
●理論と実際とを対比させながら自然史博物館の将来像をさぐる．

恐竜学　小畠郁生編
犬塚則久・山崎信寿・杉本剛・瀬戸口烈司・木村達明・平野弘道著　———　A5判・368頁／4500円（品切）
●7人の日本の研究者がそれぞれ独特の研究視点からダイナミックに恐竜像を描く．

樹木社会学　渡邊定元著　———　A5判・464頁／5600円
●永年にわたり森林をみつめてきた著者が描き上げた森林と樹木の壮大な自然史．

動物分類学の論理　馬渡峻輔著　———　A5判・248頁／3800円
多様性を認識する方法
●誰もが知りたがっていた「分類することの論理」について気鋭の分類学者が明快に語る．

花の性　その進化を探る　矢原徹一著　———　A5判・328頁／4800円
●魅力あふれる野生植物の世界を鮮やかに読み解く．発見と興奮に満ちた科学の物語．

民族動物学　周達生著　———　A5判・240頁／3600円
アジアのフィールドから
●ヒトと動物たちをめぐるナチュラルヒストリー．

海洋民族学　秋道智彌著　———　A5判・272頁／3800円（品切）
海のナチュラリストたち
●太平洋の島じまに海人と生きものたちの織りなす世界をさぐる．

両生類の進化　松井正文著　———　A5判・312頁／4800円
●はじめて陸に上がった動物たちの自然史をダイナミックに描く．

シダ植物の自然史　岩槻邦男著　———　A5判・272頁／3400円
●「生きているとはどういうことか」を解く鍵を求め続けてきたあるナチュラリストの軌跡．

太古の海の記憶　池谷仙之・阿部勝巳著　———　A5判・248頁／3700円
オストラコーダの自然史
●新しい自然史科学へ向けて地球科学と生物科学の統合が始まる．

哺乳類の生態学　土肥昭夫・岩本俊孝・三浦慎悟・池田啓著　———　A5判・272頁／3800円
●気鋭の生態学者たちが描く〈魅惑的〉な野生動物の世界．

高山植物の生態学　増沢武弘著 ── A5判・232頁/3800円(品切)
●極限に生きる植物たちのたくみな生きざまをみる.

サメの自然史　谷内透著 ── A5判・280頁/4200円
●「海の狩人たち」を追い続けた海洋生物学者がとらえたかれらの多様な世界.

生物系統学　三中信宏著 ── A5判・480頁/5600円
●より精度の高い系統樹を求めて展開される現代の系統学.

テントウムシの自然史　佐々治寛之著 ── A5判・264頁/4000円
●身近な生きものたちに自然史科学の広がりと深まりをみる.

鰭脚類[ききゃくるい]　和田一雄著／伊藤徹魯著 ── A5判・296頁/4800円
アシカ・アザラシの自然史
●水生生活に適応した哺乳類の進化・生態・ヒトとのかかわりをみる.

植物の進化形態学　加藤雅啓著 ── A5判・256頁/4000円
●植物のかたちはどのように進化したのか.形態の多様性から種の多様性にせまる.

新しい自然史博物館　糸魚川淳二著 ── A5判・240頁/3800円
●これからの自然史博物館に求められる新しいパラダイムとはなにか.

地形植生誌　菊池多賀夫著 ── A5判・240頁/4400円
●精力的なフィールドワークと丹念な植生図の読解をもとに描く地形と植生の自然史.

日本コウモリ研究誌　前田喜四雄著 ── A5判・216頁/3700円
翼手類の自然史
●北海道から南西諸島まで,精力的にコウモリを訪ね歩いた研究者の記録.

爬虫類の進化　疋田努著 ── A5判・248頁/4000円
●トカゲ,ヘビ,カメ,ワニ……多様な爬虫類の自然史を気鋭のトカゲ学者が描写する.

生物体系学　直海俊一郎著 ── A5判・360頁/5200円
●生物体系学の構造・論理・歴史を分類学はじめ5つの視座から丹念に読み解く.

生物学名概論　平嶋義宏著 ── A5判・272頁/4600円
●身近な生物の学名をとおして基礎を学び,命名規約により理解を深める.

哺乳類の進化　遠藤秀紀著 ── A5判・400頁/5000円
●地球史を飾る動物たちの〈歴史性〉にナチュラルヒストリーが挑む.

動物進化形態学　倉谷滋著 ── A5判・632頁/7200円
●進化発生学の視点から脊椎動物のかたちの進化にせまる.

日本の植物園　岩槻邦男著 ── A5判・264頁/3800円
●植物園の歴史や現代的な意義を論じ，長期的な将来構想を提示する.

民族昆虫学　野中健一著 ── A5判・224頁/4200円
昆虫食の自然誌
●人間はなぜ昆虫を食べるのか──人類学や生物学などの枠組を越えた人間と自然の関係学.

シカの生態誌　高槻成紀著 ── A5判・496頁/7800円
●動物生態学と植物生態学の2つの座標軸から，シカの生態を鮮やかに描く.

ネズミの分類学　金子之史著 ── A5判・320頁/5000円
生物地理学の視点
●分類学的研究の集大成として，さらに自然史研究のモデルとして注目のモノグラフ.

化石の記憶　矢島道子著 ── A5判・240頁/3200円
古生物学の歴史をさかのぼる
●時代をさかのぼりながら，化石をめぐる物語を読み解こう.

ニホンカワウソ　安藤元一著 ── A5判・248頁/4400円
絶滅に学ぶ保全生物学
●身近な水辺の動物であったニホンカワウソ──かれらはなぜ絶滅しなくてはならなかったのか.

フィールド古生物学　大路樹生著 ── A5判・164頁/2800円
進化の足跡を化石から読み解く
●フィールドワークや研究史上のエピソードをまじえながら，古生物学の魅力を語る.

日本の動物園　石田戢著 ── A5判・272頁/3600円
●動物園学のすすめ──多様な視点からこれからの動物園を論じた決定版テキスト.

貝類学　佐々木猛智著 ── A5判・400頁/5400円
●化石種から現生種まで，軟体動物の多様な世界を体系化．著者撮影の精緻な写真を多数掲載.

リスの生態学　田村典子著　──A5判・224頁/3800円
●行動生態，進化生態，保全生態など生態学の主要なテーマにリスからアプローチ．

ここに表記された価格は**本体価格**です．ご購入の際には消費税が加算されますのでご了承下さい．